广东森林经营体系构建
理论与实践

邓鉴锋 刘 萍 姜 杰 魏 丹 ◎ 主编

中国林业出版社
China Forestry Publishing House

图书在版编目(CIP)数据

广东森林经营体系构建：理论与实践/邓鉴锋等主编．—北京：中国林业出版社，2022.5

ISBN 978-7-5219-1655-3

Ⅰ．①广…　Ⅱ．①邓…　Ⅲ．①森林经营–研究–广东　Ⅳ．①S75

中国版本图书馆 CIP 数据核字(2022)第 070842 号

责任编辑：于晓文　于界芬　　　　　　　　　电话：(010)83143542

出版发行	中国林业出版社有限公司(100009　北京市西城区刘海胡同 7 号) 网址　http://www.forestry.gov.cn/lycb.html
印　刷	河北京平诚乾印刷有限公司
版　次	2022 年 6 月第 1 版
印　次	2022 年 6 月第 1 次印刷
开　本	787mm×1092mm　1/16
印　张	11
字　数	260 千字
定　价	98.00 元

《广东森林经营体系构建——理论与实践》
编委会

主 编
邓鉴锋　刘　萍　姜　杰　魏　丹

副主编
白昆立　刘彩红　杨海燕　张中瑞

参编人员

丁晓纲	杨沅志	战国强	何超银	王　洋	刘　聘
邓彩琼	黄振超	邓泽伟	陈衍如	李　勇	黄茂俊
柴　源	邓洪涛	钟凤娣	梁惠珊	郭彦青	朱航勇
赖宇燕	张春霞	邓智文	张　耕	陈楚民	黎荣彬
陈秋菊	陈传国	邓洪兰	杨超裕	张琼锐	黄华蓉
谢萍萍	胡淑仪	张宏伟	朱利永	邓秋蓉	杨林逸舒
苏木荣	盘李军	邓景月	梁勇诚	张　栋	练　丽
王　缨	何金全	林伟军	杨国清	肖伟华	邓　成

序

绿水青山就是金山银山。习近平总书记多次强调，森林关系国家生态安全，要实施森林质量精准提升工程，增加森林面积、提高森林质量，提升生态系统质量和稳定性，为实现我国碳达峰碳中和目标、维护全球生态安全作出更大贡献。习近平总书记系列重要讲话和重要指示批示，为科学开展森林经营、精准提升森林质量提供了基本遵循。

广东是"七山一水二分田"的林业大省。近年来，广东深入贯彻落实新发展理念，以满足人民群众美好生活需求为目标，以碳达峰碳中和战略为引领，以高质量发展为主线，以全面推进林长制为抓手，全面实施绿美广东大行动，组织实施一批高质量水源林、国家储备林、沿海防护林等工程，努力打造南粤秀美山川。目前，全省林地面积约占全省陆地面积的61%，森林覆盖率58.66%，林业产值多年居全国首位。同时，我们也清醒地看到，广东还存在林分结构简单、原生次生植被少、森林质量不高、生态功能不足等问题。森林生命的长周期和森林类型的多样性，决定了森林经营活动的系统性和复杂性，决定了必须按照科学的森林经营方案进行实施。

为建立稳定、健康、优质、高效的森林生态系统，贯彻落实新修订的《中华人民共和国森林法》中关于森林经营的法律规定，提高森林可持续经营的精准性和科学性，《广东森林经营体系构建——理论与实践》一书应运而生。此书总结了广东近年来开展的森林经营各类示范案例，提炼出广东森林经营体系构建的基础原理与框架，对广东森林经营规划编制、森林经营方案编制与执行、森林经营成效监测与评估等环节提出了规范与标准，有利于指导和规范全省森林可持续经营工作，有利于助力全省乃至全国的森林质量精准提升。

  行而不辍，未来可期。森林经营是林业高质量发展的永恒主题，我们要深入践行习近平生态文明思想，坚持尊重自然、顺应自然、保护自然，努力建设高质量的森林，为建成青山常在、绿水长流、空气常新的美丽中国作出积极贡献。

广东省林业局局长 陈俊光

2022 年 2 月

前 言

森林经营是林业发展的永恒主题，它不仅包括造林、营林、采伐及森林保护等技术手段，还包括森林经营过程中需要的经济、社会、行政及法律等方面管理手段。现代森林经营体系是以森林生态系统为对象，以森林经营技术措施规划、计划、实施、评价为核心，通过森林经营规划、森林经营方案编制与执行，以及森林经营成效监测与评估等方式方法，对包括森林抚育、林分改造、采伐更新、护林防火及林产品利用等在内的整个森林经营过程进行有效管控和调节，以推动森林质量稳步提升，其主要目标是培育健康、稳定、优质、高效的森林生态系统。新修订的《中华人民共和国森林法》将森林经营管理作为重点内容，这对于进一步加强森林经营、提高森林质量、促进林业高质量发展具有举足轻重的作用。

根据广东省2020年森林资源"一张图"更新数据统计，全省乔木林每公顷蓄积量为66.15立方米，约占全国平均数据的2/3，仅为全世界平均数的一半，森林质量整体偏低；乔木林中桉树纯林面积占比19.81%、松杉纯林面积占比27.21%，森林生态系统不稳定；全省森林生态功能等级Ⅰ类林面积仅占3.77%、森林自然度等级Ⅰ类林面积仅占0.55%、森林景观等级Ⅰ类林面积仅占0.86%，森林生态系统服务功能不高，这些都与广东省社会经济发展水平不匹配。与此同时，《广东林业保护发展"十四五"规划》中提出：至2025年，广东森林覆盖率提高到58.90%，森林蓄积量提高到6.20亿立方米，乔木林每公顷蓄积量提高到70.20立方米。为此，林业工作者要针对广东森林经营对象多样、经营环境复杂、经营周期较长等特点，树立森林经营全周期及系统经营理念，制订一系列贯穿于整个森林经营周期的保护、培育和合理利用的技术体系及制度体系等，以加强森林经营管理，才能确保森林经营目标的实现。

本书通过深入研究国内外森林经营模式，重点分析了各国森林经营方案的编制与执行、森林经营成效监测与评估、森林经营技术模式及森林经营保障体系等环节的优劣势，同时结合广东森林经营的特点，提出了"三级森林经营规划+森林经营方案编制与执行+森林经营成效监测与评估"的森林经营体系，全国、省级及县级三级森林经营规划是基础，层层相扣，从宏观角度明确了森林经营目标方向；森林经营方案编制与执行是关键，是森林经营主体具体落实森林经营目标及上级主管部门监督森林经营的法律依据；森林经营成效监测与评估是全过程监控森林经营的重要手段，最终确保森林经营目标实现。各环节的指导思想、原则、目标及技术体系是贯通一致的，之间是相互联系、相互促进的，共同实现国家、区域、经营主体的森林发展目标，共同为森林质量的精准提升奠定了基础。

本书进一步规范了森林经营规划编制、森林经营方案编制与执行，以及森林经营成效监测与评估等环节的技术标准，同时举证了东莞市森林经营规划（2020—2050年）、信宜市森林经营规划（2018—2050年）、广东省郁南林场森林经营方案（2021—2025年）、佛山市云勇林场森林经营方案（2021—2025年）、茂名森林公园森林经营方案（2021—2025年）以及云勇林场森林经营成效监测与评估等示范案例，阐明了广东森林经营体系的应用与实践，以此推动广东省森林可持续经营。

本书由邓鉴锋负责统稿，其中第1章由战国强、丁晓纲、刘彩红负责编写；第2章由刘萍负责编写；第3章由杨沅志、邓鉴锋负责编写；第4章由姜杰、何超银负责编写；第5章由魏丹、王洋、李勇负责编写；第6章由白昆立、刘彩红、姜杰负责编写；第7章由邓鉴锋负责编写；正文图表由刘彩红、黄振超、陈衍如、邓彩琼、邓泽伟负责编制；文字核对由杨海燕、陈衍如、刘彩红等负责完成。

本书在编著过程中，得到华南农业大学、仲恺农业工程学院、广东生态工程职业学院、广东省林业调查规划院、广东省森林资源保育中心及广东省岭南综合勘察设计院等单位，还得到了广东省林业局森林资源管理处等相关处室的鼎力支持，在此衷心致谢。编者水平有限，敬请广大读者指正。

编　者
2022年1月

目 录

序
前 言

第1章 绪 论 ·· 1
1.1 研究背景 ·· 1
1.2 研究目的与意义 ··· 2
1.3 国内外研究进展 ··· 4
1.4 广东森林经营概况 ··· 22
1.5 研究内容与技术路线 ··· 29

第2章 广东森林经营体系构建 ··· 31
2.1 基本概念 ·· 31
2.2 基础理论 ·· 42
2.3 体系框架 ·· 54

第3章 广东森林经营规划 ·· 60
3.1 森林经营规划发展历程 ··· 60
3.2 全国森林经营规划 ··· 62
3.3 广东省级森林经营规划 ··· 65
3.4 广东县级森林经营规划 ··· 74

第4章 广东森林经营方案编制与执行 ·· 87
4.1 发展历程及组成子系统 ··· 87
4.2 编制子系统 ·· 89

4.3 内部保障机制子系统 ··· 95
4.4 外部保障机制子系统 ··· 97

第5章 广东森林经营成效监测与评估 ································· 101
5.1 经营成效监测 ·· 101
5.2 经营成效评估 ·· 109
5.3 经营成效考核 ·· 120

第6章 广东森林经营体系应用与实践 ································· 127
6.1 经营规划案例(市级)——东莞市森林经营规划 ················ 127
6.2 经营规划案例(县级)——信宜市森林经营规划 ················ 130
6.3 经营方案案例(综合型)——广东省郁南林场森林经营方案 ··· 133
6.4 经营方案案例(公益型)——佛山市云勇林场森林经营方案 ··· 143
6.5 经营方案案例(保护地型)——广东茂名森林公园森林经营方案 ··· 148
6.6 佛山云勇林场森林经营成效监测与评估案例 ······················ 151

第7章 结论与展望 ·· 157
7.1 结　论 ·· 157
7.2 展　望 ·· 158

参考文献 ·· 159

第1章

绪 论

1.1 研究背景

1.1.1 生态文明建设赋予森林经营重要使命

党的十八大把生态文明建设纳入中国特色社会主义事业"五位一体"的总体布局。习近平总书记始终高度重视生态文明建设，提出"绿水青山就是金山银山"的科学论断，林业作为生态文明建设主力军，肩负时代发展重要使命。森林经营作为贯彻落实"着力提高森林质量"的根本举措，要紧紧围绕山水林田湖草沙系统治理，提高森林质量、建立健康稳定高效森林生态系统，在维护生态安全、推进生态文明建设中发挥基础性、战略性作用，为广东经济社会发展奠定生态根基。

1.1.2 碳达峰碳中和提供森林经营重大机遇

2020年9月，习近平总书记在第七十五届联合国大会一般性辩论上庄严宣布：中国将提高国家自主贡献力度，采取更加有力的政策和措施，二氧化碳排放力争于2030年前达到峰值，努力争取2060年前实现碳中和。随后在联合国生物多样性峰会、G20达沃斯论坛、气候雄心峰会、达沃斯论坛、领导人气候峰会等多个国际场合进一步阐述，并强调中国将说到做到，坚定不移加以落实。党中央强调把碳达峰碳中和纳入经济社会发展和生态文明建设整体布局，有效发挥森林固碳作用，提升生态系统碳汇增量刻不容缓。森林经营要牢牢把握这一重大发展机遇，在科学造林、森林经营、资源保护等方面下功夫，大规模精准提升森林质量，充分发挥森林碳汇的重要作用，为实现碳达峰碳中和目标作出更大贡献。

1.1.3 全面推行林长制提供森林经营制度保障

2021年，党中央、国务院明确提出要全面推行林长制，进一步压实地方各级党委和政府保护发展森林、草原资源的主体责任，建立党政同责、属地负责、部门协同、源头治理、全域覆盖的长效机制，加快推进生态文明和美丽中国建设。2021年11月，广东省委省政府出台的《关于全面推行林长制的实施意见》，在全国率先设立"双总林长"，提出各市、县分别由党委主要领导同志兼任第一总林长、政府主要领导同志兼任总林长，到2021年年底基本建立省、市、县、镇、村五级林长体系，实现"山有人管、树有人护、责有人担"。随着林长制的全面推进和落地见效，将不断夯实森林经营管理和林业生态保护发展的制度基础。

1.1.4 国家出台了一系列加强森林经营政策举措

为贯彻落实总书记关于着力提高森林质量的重要讲话精神，原国家林业局（现国家林业和草原局）明确指出提高森林质量的关键就是要加强森林经营，并于2006—2008年期间制定了《森林经营方案编制与实施纲要（试行）》、《森林经营方案编制与实施规范》（LY/T 2007—2012）、《简明森林经营方案编制技术规程》（LY/T 2008—2012）等有关森林经营方案编制技术规程，明确了新时代森林经营内容和要求。2016年，国家林业局组织编制了《全国森林经营规划（2016—2050年）》，并制定了省级、县级森林经营规划编制有关技术规程或指南等，以此通过编制了全国、省、县三级森林经营规划，开展了国有林场、集体林场、自然保护区、森林公园等经营主体的森林经营方案编制与执行，实施了森林经营成效监测与评估等措施，从而推进了森林经营质量提升。2019年，国家林业和草原局印发了《关于全面加强森林经营工作的意见》，明确了森林经营总体目标，到2025年，初步形成森林经营方案制度框架，国有森林经营主体的森林经营方案执行水平显著提高，其他森林经营主体的森林经营方案编制和实施程度明显改善；全国森林蓄积量达190亿立方米以上，每公顷乔木林蓄积量达100立方米以上。到2035年，形成完备的森林经营方案制度体系，森林经营方案成为森林经营工作的根本遵循，基本建成健康稳定高效的森林生态系统，森林质量、生态服务功能和资源承载力显著提升；全国森林蓄积量达210亿立方米以上，每公顷乔木林蓄积量达110立方米以上。国家层面一系列指南、规范、意见强调了加强森林经营的重要性和迫切性。

1.2 研究目的与意义

森林经营是林业发展的永恒主题，森林经营不仅仅包括造林、营林、采伐及森林保护等技术手段，还包括森林经营过程中需要的经济、社会、行政、法律等方面的制约手段。鉴于森林经营目的多样、林木生长周期长、森林立地质量差异大、森林经营类型复杂和森林经营技术丰富等特点，森林经营必须贯穿于森林整个生命周期。开展包括森林经营规划、森林经营方案编制与执行，以及森林经营成效监测与评估为一体的森林经营体系构建研究，意义重大。主要体现在：

1.2.1 践行习近平生态文明思想，推动林业高质量发展

2016年1月26日，习近平总书记在中央财经领导小组第十二次会议上指出，森林关系国家生态安全。要着力提高森林质量，坚持保护优先、自然修复为主，坚持数量和质量并重、质量优先，并明确指示要实施森林质量精准提升工程。森林质量的精准提升就是森林经营全过程的精细化、差异化管理。本研究需要对广东近年开展的森林经营规划、森林经营方案编制与执行、森林经营成效监测与评估等关键技术进行集成，总结提炼出一套符合广东森林经营特点、完整的森林经营体系，从而推动广东林业高质量发展。

1.2.2 丰富南方森林经营理论，提升森林经营管理水平

广东省从北到南、从东到西，跨越了不同的气候带，适生着不同种类的森林植物，形成了多样化森林类型，有针叶林、落叶阔叶林、常绿阔叶林、针阔混交林、竹林、热带雨林等森林类型。鉴于森林经营目的多样性、经营类型复杂性和经营技术丰富性，结合南方森林经营特点，开展森林经营体系构建研究，编制出更具有针对性和可操作性的广东森林经营体系，对丰富南方森林经营理论，提高森林经营管理水平具有现实意义。

1.2.3 树立全周期经营理念，构建以森林经营方案为核心的森林经营体系制度

森林经营的本质是实现自然力量和人工力量的经营合力，建立完善森林经营方案制度就是要在遵循林业发展自然规律和经济规律的前提下，从全周期全过程的角度开展森林经营。国家林业和草原局印发的《关于全面加强森林经营工作的意见》中提出建立完备的森林经营方案制度体系，森林经营方案成为森林经营工作的根本遵循。为此，广东森林经营必须牢固树立全周期经营理念，突出森林经营方案编制与执行这一关键环节，努力构建具有广东特色的森林经营体系制度。

1.2.4 破解森林质量精准提升难点，为全面实施绿美广东大行动提供技术支撑

根据全省2020年森林资源"一张图"更新数据，全省森林资源质量总体不高，林地产出率偏低，如乔木林公顷蓄积量为66.15立方米，约占全国平均数据的2/3，仅为全世界平均数的一半；生态资源空间分布不均，生境破碎化，连通度不够，如粤北地区森林资源林地面积占总面积的54.5%；生物多样性指数不高，原生、次生植被少，如

乔木林中桉树纯林面积占比19.81%、松杉纯林面积占比27.21%；森林涵养水源、保持水土等生态功能不足，如全省森林生态功能等级Ⅰ类林面积仅占3.77%、森林自然度等级Ⅰ类林面积仅占0.55%、森林景观等级Ⅰ类林面积仅占0.86%，这些都是广东森林质量精准提升的着力点。为此，积极开展森林经营理论研究与创新，探索构建广东森林经营体系制度，为全面实施绿美广东大行动提供技术支撑，加快实现南粤大地"绿而美、富而优"的总体目标。

1.3 国内外研究进展

1.3.1 国外森林经营研究进展

1.3.1.1 森林经营的理论与模式

虽然各国的社会经济水平和森林经营理念不同，但森林经营主要经历了3个主要阶段，即森林木材利用阶段、森林多效益经营阶段和森林可持续经营阶段。

（1）森林木材利用阶段

18世纪德国G. L. Hartig提出了木材生产的永续利用思想，并提出"木材培育论"，主张经营针叶纯林，选择高生长力的树种；1826年德国J. G. Hundeshagen提出了"法正林理论"，对人工同龄纯林实施皆伐轮伐作业。这一阶段的理论都局限于木材生产上，主要是为了满足工业日益增长的木材需要而进行的森林资源单纯经济效益利用。

（2）森林多效益经营阶段

1867年普鲁士林学家哈根提出"森林多效益永续经营理论"，首次关注木材永续利用与森林多效益问题；1953年德国第坦利希提出"林业政策效益理论"，通过国家扶持政策提高林业的木材生产和社会效益，20世纪60年代提出以木材生产带动其他效益发展的"森林多功能理论"；1970年美国林业经济学家M. 克劳森提出"森林多效益主导利用理论"，认为森林应以某一效益为主，兼顾其他效益，而不是走向森林三大效益一体化。这些理论基本都提倡对不同类型的森林采取不同的森林经营方针和具体措施，从而达到既控制采伐量，又调节森林生态环境的目的，但其重点仍在于调整木材和其他效益之间的关系。

（3）森林可持续经营阶段

1992年，在巴西里约热内卢召开的联合国环境与发展大会上，首次提出以可持续发展理论来应对人类面临的重大经济、社会和环境问题。大会同时指出，森林可持续发展是经济持续发展的重要组成部分；森林是环境保护、发展经济、维持生物圈必不可少的资源；森林和林地必须以可持续方式进行管理，以满足当代和子孙后代的需要。在此背景下，各国纷纷发展森林可持续经营理论，并开展了大量促进森林可持续经的实践活动。

当前较为典型的森林可持续经营模式包括"森林多效益主导利用经营理论""近自然林业理论"和"森林生态系统经营理论"。其中，以澳大利亚、法国为代表的"森林多效益主导利用模式"以国家森林分类的尺度，针对不同地区、不同林分、不同树种采取差异性的经营手段，对全国的森林进行宏观的战略性经营管理。以德国为代表的"近自然林业经营模式"主要涉及森林的微观经营问题，即针对林分水平提出的具体经营策略。其经营对象主要是立地稳定性差、抵御灾害能力弱的人工林，经营目标是使森林接近自然状态，实现生态与经济的稳定。以美国为代表的"生态系统经营模式"的目标是改善和保持森林生态系统的健康和稳定，主要从林分和景观两个层次开展工作。林分层次的经营目标是保护和重建不仅能够永续生产各种林产品，而且也能够持续发挥森林生态系统多种效益的森林生态系统。景观层次的经营目标是创建森林镶嵌体数量多、分布合理并能永续提供多种林产品和其他各种价值的森林景观（赵秀海，吴榜华，1994）。这些理论都是在总结了复杂的森林经营的经验和教训后，提出的森林经济、环境以及生物学价值等多重效益统一协调发展的可持续经营思想。

1.3.1.2 森林经营计划的制定与实施

森林经营计划是指森林经营主体以森林可持续利用为目标（国家林业局，2011），以全周期森林经营为指导，按照森林环境和生态系统要求，遵循森林演替规律，兼顾市场和社会因素，通过有计划地在现地内开展各类经营、保护措施以及基础建设，以实现森林最佳生态、经济、社会综合效益，是一个包含前期评估、未来预期在内的不断更新的计划。科学合理地编制和实施森林经营计划是提高森林质量、实现林业可持续发展的重要手段，也是增加森林资源利用率、促进现代林业绿色健康发展的重要依据（陈少波，刘辉，2015）。

目前，世界上林业发达的国家都非常重视森林经营计划的制定，强调森林经营中的可持续发展和科学经营管理森林。各国森林经营计划的编制过程一般都包括森林资源现状的调查与评估、计划的制定或修订以及实施情况的监测与评价3个阶段，通过适应性管理，对森林进行连续监测、经营效果评价，调整和完善经营计划，以实现森林经营计划制定的目标。

森林资源现状的调查与评估是编制森林经营计划的基础。在制定森林经营计划之前，应进行森林资源数据的统计分析、森林动态变化的调查及环境分析。首先，考虑在森林规划中使用科学信息，包括来自同行评审文章、科学评估、专家意见和监测结果形式的数据，以及公众参与和传统知识方面的信息。其次，还需从森林资源的数量、质量、分布、结构等指标入手，动态分析森林资源的变化；全面分析国家和区域森林经营的经济、社会和生态需求，找出外部环境对森林经营管理的影响因素和影响程度(Federal Advisory Committee，2016)。

森林经营计划最早起源于1669年法国颁发的《柯尔柏法令》，规定了森林的采伐计划和预算。美国于1905年开始编制森林经营计划，最初的设想是建设具有多重目标的国家森林，即改善和保护森林，确保有利的流域条件，并为美国公民提供持续供应的木材。此后，森林经营管理目标不断扩大和发展，包括生态恢复和保护、研究和产品开发、减少火灾危害和维护健康森林。美国1976年通过了《国有林经营法》(National Food Manufacturers Association)，进一步要求制定地方土地和资源管理计划，对国有林施加了从未有的环境和营林控制，对木材收获(特别是皆伐)提出了非常具体和严格的要求，并要求所有国有林利用的合同、许可和其他法律手段都必须遵循森林经营计划。美国国有林经营计划的主要内容包括森林及水生生态系统的完整性及维护、土壤和水资源管理、河岸区及集水区的维护、病虫害综合防治、火灾和燃料管理、可持续性娱乐规划、放牧和牧场管理、木材生产管理、鱼和野生动物及栖息地管理、可再生和不可再生的能源和矿产资源可持续管理、文化和遗产资源的保护、野生和风景河管理、荒野地区保护管理等方面(United States Department of Agriculture，2010)。美国森林经营计划主要强调可持续经营，至少每15年修订一次。

德国森林经营的整个过程都遵循近自然经营理念，在具体的森林经营中不严格划分人工林与天然林，而是根据林木起源划分为乔木林、中林和矮林，并结合各自的生长特点采取相应的经营措施(李婷婷等，2016)。德国森林经营方案编制工作主要由联邦林业管理局、各州的农林部、各区的森林管理局、森林调查员、公众等共同合作完成(吴水荣等，2015)。森林经营方案的主要内容包括现状评估(森林资源调查)、上一期森林经营方案执行情况评价、下一期森林经营计划和实施要求。德国林业计划分为长期计划、中期计划和短期计划，森林经营计划属于中期计划的范畴。根据《联邦森林法》和《各州森林法》的规定，德国国有林定期由专业队伍进行森林调查并在调查基础上每10年编制(或修编)一次森林经营计划。Bergs等(2014)指出了德国森林经营计划具有3个层次，分别是林业企业的计划(总体经营)、森林发展类型计划以及小班(或林分)水平上的计划。

加拿大在1988年制定了5年林业发展战略，该战略包括了森林资源、森林环境、森林经济、森林生态和森林文化发展的各个领域，开始了全国大规模的森林可持续经营(高发全，2005)。目前，加拿大主要由自然资源部负责策划管理全国森林、野生动植物资源等，并在每个地区设置林务局主管林业经营工作。在加拿大，所有森林活动开展之前都必须制定森林经营方案(Kimmins and Blanco，2011)。森林经营方案由多学科规划小组协助，当地公民委员会或原住居民社区、利益相关者和感兴趣的市民参与，最终由注册的专业林务官员制定完成。森林经营方案必须包括确定可采伐的区域(每年可采伐的最大森林面积)、评估可持续性的标准指标(蒙特利尔进程指标等)以及森林经营方案执行情况评价(Parkins et al.,2016)。加拿大安大略省的森林经营方案主要包括森林的可持续性、公众参与、适应性管理等关键要素(Herbert and Shashi,2003;Tomislav et al.,2009)。日本的森林经营计划有3种类型,即属地计划中的林班计划(林班或相邻多林班面积1/2以上的森林)、区域计划(规定区域内30公顷以上的森林)和属人计划(100公顷或以上的森林)。属地计划由森林所有者或受委托的森林管理者单独或共同制定,属人计划仅限于森林所有者单独制定。主要内容应包括森林管理的长期政策,森林现状和间伐、主伐的作业记录,采伐、造林和保育的实施计划,鸟兽灾害防治林区中鸟类和动物危害的预防措施,与森林保护有关的事项,与森林管理和联合保护有关的事项,与道路网络维护有关的事项,扩大森林管理规模和改善道路网络的发展目标(必要时说明)。此外,作为森林经营计划的一部分,可以制定森林健康功能促进计划,包括建立供公众使用的设施(森林保健设施),以改善森林的卫生功能。不同规模的森林经营计划需满足认证要求并经过市长、都道府县县长或农业、林业和渔业部长的批准后方可实施。

1.3.1.3 森林经营技术措施

森林经营措施是森林经营方案切实执行的重要保障,包括造林、抚育间伐、森林采伐与更新等一系列经营活动。近年来,各国虽在森林经营模式上有所侧重,但主要的森林经营技术措施趋于一致。在造林上都要求营造混交、复层、异龄林;在抚育上采用疏伐、生态伐、卫生伐等方式;在采伐上采用择伐和渐伐方式;在更新上采用天然更新和人工辅助天然更新。

在造林方面,美国、德国、澳大利亚等发达国家都强调生态造林,在造林前对林地进行规划设计,遵循适地适树和生态优先的原则,大力开展乡土树种造林。其中,首先德国实行保育式造林法,即先稀植,因地制宜确定造林密度,以利于阔叶树侵入;其次,要求不炼山,利于增加幼苗、幼树种类和数量;再次,小规格整地,禁挖大穴;最后,减少幼林抚育强度(林思祖,黄世国,2001)。奥地利在强调适地适树的基础上,提倡"马赛克"式的块状混交林(邓华锋,2008)。法国在实施山地造林中,兼顾生态效益和经济效益,强调本地阔叶树种的选择,同时在技术上强调环保措施,采用块状整地、"品"字形种植、薄膜覆盖、用铁丝网护坡、打木桩挡土等实用技术,防止土壤下滑流失。日本在《森林和林业基本计划》中提倡营造阔叶林和复层林,对林地生产力低的单层林以及不应进行皆伐的森林采取间伐和择伐措施,逐渐诱导成阔叶复层林;通过人工促进天然更新等措施将部分天然林诱导形成复层林。

在抚育间伐方面,美国的森林抚育主要以维护生态系统稳定和保持生态系统健康为主。抚育方式包括疏伐、卫生伐、修枝割灌等。对于近地面下枝杂灌浓密的次生天然林,进行下枝杂灌修除、卫生伐;对于林木浓密、林火危险性极高的混交林,进行疏伐结合卫生伐(雷加富,2007)。澳大利亚天然林主要靠自然选择来进行疏伐,其森林抚育主要针对人工林,在造林初期,需要进行除草割灌、定株修枝及抚育间伐等集约管理,为实现培育大径材目标,一般在培育过程中要进行3次间伐,抚育间伐时间依次为第10年、15年、22年。法国依据不同林种进行分阶段的抚育间伐,对于阔叶林而言,在林龄为20年左右时,开展第一次清除择伐,接下来开展改进伐。

在森林采伐和更新方面,为保证森林资源的稳定增长,要改变传统森林采伐利用方式,一是严格控制采伐量;二是由全面皆伐改为带状、小块状皆伐或单株择伐。美国在采伐前便有目的地保留林中所有的树种,保留枯立木、风倒木等,尽量保持森林的原始状态,择伐渐伐与更新相结合,主要采用渐伐促进更新、火烧促进更新等更新措施,以维持森林的复杂性、整体性和健康状态。在德国,各州都按照不超过生长量70%确定采伐量。澳大利亚强制实行生态采伐要求,在立地条件较好的地区,天然林一般允许小面积皆伐作业,采取人工更新,在临近保护区的皆伐林地上则必须采用天然更新;在干燥地区,天然林一般只允许采用择伐作业,采取天然更新。在日本,不同林地类型的采伐更新方式各有差异。对于天然林和次生林,一般采用择伐作业,采伐周期为8~20年,采伐率为14%~20%;对于人工林,提倡营造同龄复层林,采伐周期为5~10年,采伐率为20%~30%。

1.3.1.4 森林经营监测与评价

森林监测是现代森林经营管理的重要手段,在森林经营管理过程中能够发挥重要作用。在森林经营实践过程中,主要体现在森林经营方案的监测和评价上。通过监测指标系统地收集数据,追踪森林经营相关状况的变化以及测定经营效果和目标的实现情况,为森林经营规划提供周期性反馈;通过评价确定经营目标的完成情况、效果、影响和可持续性等,以汲取经验和教训。

(1)森林资源清查与监测

欧美等林业发达国家在森林资源监测上不断增加其信息量与科技含量,形成了新的森林资源监测体系,除了有定期连续性的全国性森林资源清查外,还有一些地方性或区域性的监测调查和跨国合作监测项目(舒清态,唐守正,2005)。

美国的森林资源与健康监测是由全国森林资源清查与分析(forest inventory and analysis)演变而来的,FIA以州为单位逐个开展森林资源清查,经历了由以森林面积和木材蓄积量为主的单项监测到多资源监测,再到森林资源与健康监测3个阶段(刘华等,2012)。从1990年新英格兰州试点开始,逐步建立了覆盖全国的森林健康监测体系(forest health monitoring)。目前,美国已经形成了综合FIA和FHM的森林资源清查与监测体系(forest inventory and monitoring)。森林经营方案的监测可分为执行监测、效果监测和验证监测。执行监测主要用来监测森林经营活动或项目是否按照森林经营方案的要求(如经营准则、经营标准等)正在执行或执行的程度(Hutto and Belote, 2013)。效果监测是用来测定经营效果是否朝向经营目标或经营的理想状况靠近,或者用来确定森林经营活动或项目在满足经营要求、目标方面是否有效(Reeves, 2004)。验证监测是指验证森林经营方案中最初使用的经营数据、假设、标准是否正确、合适或仍然有效(Sajad, 2012)。这3种监测类型之间虽然作用各不相同,但相互关联。同时,在对森林经营方案实施监测时,应尽量结合森林经营主体现有的一些监测调查方法,选取最优的监测方式。

加拿大联邦政府林务局并不进行国家森林资源清查(NFI),对各省森林资源管理与监测只提供宏观指导,不进行直接领导和行政干预,由各省林业管理部门具体负责森林资源的经营管理和监测。林务局负责建立国家森林资源数据库,根据各省份及各经营管理单位提交的调查、统计数据,每5年开展一次全国森林资源汇总,每年向联邦政府做一个森林资源现状报告。

德国则于20世纪60年代开展了全国林业监测,主要包括三种:一是全国森林资源清查;二是全国森林健康调查;三是全国森林土壤和树木营养调查。德国国家森林资源及环境监测均在同一抽样体系框架下开展,综合起来构成了完整的技术体系(张会儒,唐守正,王彦辉,2002)。

瑞典的国家森林资源清查始于1923年,经过80多年的建设历程,在调查技术手段和监测内容上不断改进和完善,成为世界上较为先进的森林资源与生态状况综合监测体系之一(刘岚,徐月明,1983;聂祥永,2004)。

(2)检查和评价方法

森林经营方案的检查与评价是森林经营管理的重要组成部分,国外主要采用多准则决策分析法(MCDA)和层次分析法(AHP),两者都是基于专家经验法的决策方法。其中,多准则决策分析法是一种适用于解决复杂决策问题的分析方法,可以从不同角度对方案进行综合评价,主要运用于解决定量分析方面的问题(Jafari et al., 2018;王延飞等,2012)。在芬兰,有学者开展了基于多准则经营背景下的森林生态系统经营的生态价值评价,用成、过龄林数量、枯木数量和落叶树木的数量来描述生态价值,采用局部效应函数和MCDA方法建立了森林经营方案生态价值的计算方法(Leskinen et al., 2003)。在德国的森林经营方案评价中,利用MCDA方法来解决多个标准的评价,包括木材、非木材森林产品,生态系统服务等价值,MCDA方法具有一定的局限性。在此基础上将MCDA方法与其他决策技术进行有效融合,同时定性描述和定量分析也被有效融合,形成新的混合方法。在该方法中,MCDA可以将主观偏好集成到优化问题中对方案进行比较和决策。混合方法的应用对森林经营方案的评价更加全面(Uhde et al.，2015)。

层次分析法是将复杂问题结构化为一个由目标及其标准组成的层次结构,然后对标准分解细化为不同具体指标,采用判断(两两比较)矩阵进行一致性检验,充分发挥了主观判断和客观分析的优势(Waeber et al.，2013)。在澳大利亚,Ananda 等(2003)利用层次分析法将公众参与性的偏好纳入区域森林经营中,以经济、社会和环境目标为准,提高了森林经营方案评估的透明度和可信度。美国自 1994 年实施西北森林经营(NWFP)以来,开始编制以生态系统经营为目标的森林经营方案。通过对北方斑点猫头鹰受威胁地区近 20 年的森林监测项目数据(碳储量、气候变化、森林干扰等)分析,表明森林经营方案的实施取得了进展,并且提出了应对当前的气候环境变化和土地利用胁迫的技术措施(DellaSala et al.，2015)。

1.3.1.5 森林经营保障体系

为促进森林经营的可持续发展,世界林业发达国家从法律法规、行政管理、经济政策、科技支撑等方面出发,建立了一套完整的森林经营保障体系。

(1)法律法规

当前,各国的森林经营基本上都发展到森林的多功能可持续经营阶段。为此,各国在不同时期颁布并更新了相关法律,以保障森林资源的经营管理。

德国在 1975 年颁布了《联邦森林法》,确立了森林多效益永续利用的原则,正式制定了森林经济、生态和社会三大效益一体化的林业发展战略,促进林业的发展并协调森林经营。同时,《联邦森林保护法》和《联邦自然保护法》以及各州相应的法律都确立了林业自然保护的高标准,森林作为保护生物多样性的常规措施被纳入使用,原则上商品林和保护林没有区别。

加拿大的《森林法》是世界上最严格的法律之一,确保全国各地都遵循可持续的森林管理。加拿大各省和地区对绝大多数森林拥有管辖权,并制定和执行与森林有关的法律、法规和政策,它们都是基于可持续森林管理原则,与公众、行业和其他利益方协商后发展,以科学研究和分析为基础。此外,联邦政府还颁布了《木材条例》和《国家公园法》等,用于联邦所有森林的木材采伐和保护。

澳大利亚的森林政策是在国家、州和地区一级制定和实施的,州和地区政府对森林经营管理负有主要责任。1992 年,澳大利亚各州和地区政府签署了《国家森林政策声明》(NFPS),提供了政府合作实现澳大利亚森林可持续管理愿景的框架,确保满足社区的期望。NFPS 的一个关键要素是政府间《区域森林协定》(RFAs),它是澳大利亚本土森林保护和可持续管理的 20 年计划,旨在为以森林为基础的工业、依赖森林的社区提供依据。此外,2012 年 11 月,澳大利亚议会通过了《禁止非法采伐法》,确保在澳大利亚购买和销售木材产品的合法性,创造一个公平的经济竞争环境。

美国没有《森林法》，其由国会通过、总统颁布的各种法规在不同时期的国情和林情对森林经营活动起指导作用。1960年，美国颁布了《森林多种利用及永续生产条例》，利用森林多效益理论和森林永续利用原则实行森林多效益综合经营，标志着美国的森林经营思想由生产木材为主的传统森林经营走向经济、生态、社会多效益利用的现代林业。1976年颁布的《国有林管理法》对采伐作业方式、采伐量、收获地点等作出明确的规定，同时规定林务局要根据具体地域的适宜性和生产力，提供动植物群落的生物多样性以满足整个多用途目标（邓华锋，2008；张煜星等，2005）。1992年通过的《森林生态系统健康与恢复法》，强调要将森林的经营视作整体，将生态学原理应用到森林的经营管理当中，通过一系列的抚育经营手段，维护生态系统的健康稳定（祝列克等，2005）。2003年美国公布的《森林健康恢复法》规定，实施森林生态系统健康经营目的是保护和恢复已退化森林生态系统，保护濒危物种和生物多样性的同时提高碳储量。

日本1951年颁布《森林法》之后又多次修改，对森林的保护以及与林业基本问题作出了明确的规定（季华等，2007）。1964年、1978年相继制定了《林业基本法》和《森林组合法》，并于2001年通过了《森林和林业基本法》，确定了森林和林业发展的基本原则。因此，完善法律与制度是实现森林可持续经营的根本保障。

（2）行政管理

美国、加拿大和德国等林业发达国家的森林资源管理体系是较为先进和完善的，这些国家的森林按权属可分为公有林和私有林。

美国实行中央政府主导的联邦林务局、大林区、林业管理区和营林区四级垂直管理体系。其中，联邦林务局的职能是对国有林的生产、计划、财务、技术等实行全面管理，包括森林生态可持续的管理，可持续的木材供应，生态系统恢复，以及火灾和病虫害的防控。大林区的主要职能是对林业生产和发展进行宏观调控，拟定林业生产发展方针和政策，并将预算划拨到各林管区，每个大林区下设有1个林业试验站或研究所，负责森林经营和科技支持。林管区的主要职能是负责营林区的林业生产计划和财务审批，以及各项生产活动的监督和检查。营林区是美国国有林经营管理的最基层单位，承担辖区的森林保护、造林、更新及林道建设和维护，森林游憩、野生动物栖息地的经营管理等各项生产经营工作。

德国实行以州政府为主体的垂直管理体系，即联邦粮食农林部、农林食品部、林业管理局、林务局（林管区）四级。其中，联邦农林食品部（林业司）主要负责全国林业总体方针、政策的制定和监督实施；协调各州和部门的关系；负责全国林业情况的统计和国际间林业交流。州政府农林食品部主要负责监督联邦和州森林法的执行；协调林业与其他行业和部门的关系；指导全州私有林和社团林的经营管理等。林业管理局是一个承上启下的层次,既负责将州农林部的各项计划、规定传达到所辖各林务局,监督指导下属各林务局的工作,同时又负责将各林务局编制的年度计划、统计情况汇总上报州农林部。林务局是林业管理机构中最基层的一级,全面负责一个区域内(基本上与县级行政区划一致)国有林的经营管理,为管理方便,林务局一般都在所辖区域内设立若干林管区,具体负责一定面积国有林的管理和经营。

加拿大省和地区政府管理90%的公有林,因此其管理体制以省政府为主体,联邦政府和省政府的林业部门之间只是一种协调、合作关系,不是垂直管理关系。联邦林务局的主要职能是为林业部门提供相关科学知识和专业技术指导;对加拿大的森林进行科学研究,为森林管理规划和政策提供决策信息。各省和地区林业部或自然资源部林务局的主要职能是负责制定与森林相关的法律、法规和政策;管理省级公园和自然保护区。

在日本,国有林和民有林的管理自成体系,国有林由林野厅直接经营管理,民有林包括公有林和私有林,公有林归属于地方政府管辖,私有林则由森林所有者自主经营。国有林实行管理与经营分离的垂直管理体制。在国家层面设置林野厅,然后根据国有林所在的山脉、水系、森林分布等自然条件进行分区,派出专业管理机构和人员,负责森林保护、林业规划、经营监督以及部分治山工程,造林、采伐、林道建设等各项直接生产活动一般都通过招标制,委托给民间企业实施。对于民有林经营,中央政府对民有林的指导主要通过地方政府主管部门和民间合作组织——森林组合来实现。

(3)经济政策

经济政策在森林经营实践中起着重要的指导和促进作用,世界各国的激励措施一般包括税收优惠政策、林业资金补助和林业专用基金等。

①税收优惠政策。美国政府对森林资产及销售森林产品取得的收入征收各种税款,如所得税、财产税、产品税、遗产税等,增加财政收入的同时,更是通过税收杠杆实现森林资源的可持续开发。1980年,美国为鼓励私有林主造林实施免税政策,规定私有林纳税人每年可减免1万美元的造林投资税,当年先退9%,其余91%按7年的期限平均退还。同时为加强森林资源的开发和保护,美国政府设置标准林场,通过免税等优惠政策鼓励私有林主加入"标准农场"。

澳大利亚在联邦政府实施的统一税制中,对林业税收作了特殊的优惠规定。在收入税方面,对公有林收入免征所得税;对从事林业经营的个人和公司,用于清除迹地、营林、育林收入,改善林木生产条件的收入,用于林区道路或林间便道建设方面的收入,用于购置林业生产必需的易耗资产的收入,林业经营者售卖的零星可加工木材的收入,以及收入中转化为木材就地加工等方面的投资,可免征收入税。

在日本,林业相关的税率低于其他行业,享受减征、免征和延期纳税等优惠。日本的国有林不上缴任何税费；对合理的林地转让扣除5000万日元后纳税，同时免征土地固定资产税，保安林免征事业税、林业用轻油税。

②林业资金补助。林业资金补助包括对种苗培育、更新造林、林道建设、林业技术普及等森林经营活动的资金补助。美国国会每年都会通过国有林预算，林务局可申请财政拨款，以保证国有林的经营管理。对于私有林的经营管理，联邦和州政府实施了多个成本分担项目，最具有代表性的是1974年开展实施的"森林激励项目"（the forest incentive program，FIP），年均投入为1000万～1500万美元，88%的项目经费用于提供技术支持、教育和成本补贴，补贴力度涵盖私有林50%～80%不等的营造林成本，以鼓励私有林林主采用最优管理手段（Kilgore & Blinn，2004）。1997—2000年间，印第安纳州有200名私有林被纳入项目，每英亩（约0.4公顷）平均补助金额约为300美元。对私有林造林者，联邦政府无偿补助其造林费用的50%，包括整地、苗木和栽植费等每公顷约450美元。

在澳大利亚，各州按森林法的规定，制定了补贴金发放标准，如塔斯马尼亚州人工私有林补助造林成本的20%～55%，为250～600澳元/公顷，维多利亚州补助为600澳元/公顷。修筑林道可以领到联邦政府30%、州5%的补贴。联邦政府直接投资在国有土地上或者买地进行造林（占人工林的90%），联邦政府与州政府各投入50%资金（潘正之，2007）。

德国的财政补偿用于造林、林木种苗培育、林地土壤改良、森林调查规划、基础设施建设补助、私有林业合作组织形成、弥补自然灾害、开展生态和自然保护活动、森林防火等方面（唐仁健等，2009）。在造林方面，尤其是将非林地转化为林地，营林主不仅可以得到德国政府的资助，还可得到欧盟的补贴。例如，巴符州由草地改林地造林，补贴标准为175～300欧元/公顷；由农田改林地造林，补贴标准为300～700欧元/公顷（丁付林，2001）。肯普滕州对于更新造林和荒山荒地造林，规定按面积和树种类型对种苗和人工费给予补助，最少3500欧元/公顷，而槭树等本地树种可得到的补助为5000欧元/公顷。对于退耕还林和退牧还林，且发展混交林（纯林不给补助）的，给予连续20年的补助，每年200～800欧元/公顷，合计约为5000欧元/公顷，可弥补约70%的成本。

日本有两项主要的林业财政补贴制度：一是国有林公益型特别会计制度。国家对社会各类林业生产者发展营造林施业的一种固定的财政补助制度，2006年额度达到了1734亿日元；二是林业补助金制度。林业普及与指导的全部费用由国家承担，造林、林道、地方林业科研的费用由国家和地方政府共同承担；编制和实施地区森林计划、森林施业计划及防护林事务等费用由地方政府负担，国家补助50%；被划定为防护林后，因木材生产限制承受的经济损失由国家补偿；在保安设施区域内，因造林及森林土木工程等设施建设及管理承受的损失由国家负担2/3，地方政府负担1/3。林业补助金制度又具体分为造林补助、抚育补贴、地域活动补助金制度、集约经营森林补助、森林施业计划补助、林道补贴等。

③林业专用基金。世界各国政府通过贷款，建立林业专用基金，为森林经营者提供优惠贷款。澳大利亚对发展人工林均给予无偿资助和长期低息贷款。具有以下特点：政府发放的林业贷款期限长为30~50年；当年确定的贷款利率在整个贷款期内保持不变，利率提高不增加林业部门原贷款余额的利息负担；实行特殊的还贷办法，如南澳大利亚、维多利亚和新南威尔士州确立政府林业贷款可以转换为资金入股，待采伐木材时，收益按入股分成以抵偿本息(李屹，2004)。

日本林业专用资金主要包括农林渔业金融公库、林业改善资金、木材生产和流通结构合理化资金、林业信用基金，以及促进林业就业资金5种资金贷款制度。其中，农林渔业金融公库的林业资金专门用于发放造林、林道及林业结构改善等事业所需的长期低息贷款，每年发放贷款590亿日元，造林贷款利率为3.5%，偿还期为35年，是该公库中利率最低，偿还期最长的贷款；林业改善资金主要用于都道府县为改善林业经营、防止劳动事故、确保林业劳动力及培养林业接班人等，属中短期无息贷款，每年贷款额为75亿~100亿日元；木材生产和流通结构合理化资金是为促进木材生产、流通结构合理化和木材供应稳定化所需的周转资金和设备资金提供低息贷款和资金制度，每年的贷款额超过1000亿日元；林业信用基金是专门为经营者向民间金融机构融资提供债务担保而设立的基金制度；促进林业就业资金制度是针对近年来林业不景气，劳动力严重不足而设立的无息贷款制度，主要用于林业就业人员的培训和就业。

(4) 科技支撑

美国由联邦政府和地方政府合作开展林业情报和教育工作，旨在普及林业技术。美国联邦农业部设立了技术推广局。该局每年的推广经费为12亿美元，其中经费的2%~3%用于指导森林经营管理，特殊的林产品加工信息服务，防护林、城市林业和公共林业项目的技术服务。

德国联邦林科院是直属联邦农林食品部的国家级研究机构，主要职责是为联邦政府决策提供科学依据，同时为公众提供信息及建议，与国际组织科研机构进行合作研究有关国际问题。州林业科研机构主要针对本州生产中存在的技术问题来开展研究，研究课题主要来自企业和林业生产部门，从根本上解决了科研成果转化问题。研究课题一旦审批同意后，全部经费由州财政支付，其研究成果实行全社会无偿共享，从而使科研成果最大限度地发挥效益。

澳大利亚联邦科学与工业研究组织的林业和林产品研究所是最大的国家林业研究与开发机构，承担国家与国际合作研究项目。在森林资源丰富和木材生产较多的州，如昆士兰州就设立了自己的林业研究与开发机构，主要支持本州的森林经营活动。同时，联邦及州政府还直接投资用于林业技能培训，保证林业工人的长期就业。

日本的林业科技扶持主要体现在林业的普及指导。日本的林业普及指导事业从1949年开始实施，以《森林法》为基础。其目的在于合理配置林业专门技术员及林业改良指导员，对森林所有者普及林业技术及知识、对森林经营进行指导，促进林业技术的改善、林业经营的合理化和森林的整备，以振兴林业，充分发挥森林具有的多种功能。林业普及指导员的配置基本上是在林野厅（或者试验研究机构）配置林业专门技术员，在派出机构配置林业改良指导员。林业改良指导员的资格由各都道府县的知事认定，业务直接和森林所有者联系，对林业技术和知识普及以及森林经营进行指导。林业试验研究是以大学、国家（独立行政法人）和都道府县的试验研究机构为主进行的，都道府县的林业相关试验研究机构主要承担应用研究、实地研究和技术开发等工作。

1.3.2 国内森林经营研究进展

1.3.2.1 森林经营理论与模式

中国森林经营主要经历了4个阶段，分别是以木材利用为主、木材利用为主兼顾生态建设、以生态建设为主和森林经营强化阶段。森林经营技术模式也在借鉴发达国家森林经营理论和方法，如在森林永续利用、林业分工论、近自然林业、生态系统经营和森林可持续经营等理论基础上不断发展和完善，形成了一些实践应用模式，主要包括法正林、采伐强度指标控制的经营技术、检查法、森林生态采伐、结构化森林经营和近自然经营。

(1) 法正林

我国20世纪五六十年代的森林经营基本上是借鉴这种体系，即采取以木材利用为目的的指导方针，如根据森林资源消耗量低于生长量的原则来严格控制森林的年采伐量。但当时普遍采用皆伐作业，并没有按照法正林的要求进行收获调整，因此带来了一系列的问题，目前真正的法正林模式已很少实行。

(2) 采伐强度指标控制的经营技术

在实践中主要采用采伐强度控制的中幼龄林抚育和异龄混交林择伐的经营技术。这种技术模式之所以在我国得到广泛应用，除其简单、可操作的特点外，主要与我国实行森林限额采伐管理有关。

(3) 检查法

检查法是一种适合于异龄林的高度集约的经营方式，它通过定期重复的森林调查来检查森林结构、生长量和蓄积量变化，为确定下一个经营期采伐量提供依据，然后通过择伐使林分结构保持稳定和平衡。我国于1987年在吉林省汪清林业局开展了检查法试验研究，目前并未大规模推广应用。

(4) 森林生态采伐

2005年，唐守正、张会儒等提出了森林生态采伐技术体系，即依照森林生态理论来指导森林采伐作业，使采伐和更新既利用森林又能促进森林生态系统的健康与稳定，实现森林可持续经营利用的目的。该体系由共性技术原则和个性技术指标两部分内容组成。在共性技术中，以减少森林采伐对环境的影响为首要考虑因素，融入"森林生态系统经营"的思想，并把景观的合理配置作为森林采伐的目标之一，提出了采伐方式优化与伐区配置、集材方式选择和集材机械的改进、保护保留木的技术措施、伐区清理措施的改进等；在个性技术指标方面，提出了包括培育目标、林分状态诊断及评价、经营措施技术指标等针对具体森林类型的作业技术和指标阈值。

(5) 结构化森林经营

结构化森林经营由惠刚盈于2007年正式提出，汲取了德国近自然森林经营的原则，以培育健康稳定森林为目标，根据结构决定功能的原理，采取优化空间结构的手段，按照林分自然度和经营迫切性确定经营方向，对建群种竞争、林木格局和树种混交等进行有的放矢的调整。主要技术特征：用林分自然度进行森林经营类型划分；依靠林分经营迫切性指数确定林分需要经营的紧急程度和森林经营的方向；用空间结构参数指导林分结构调整；用林分状态分析来进行经营效果评价。目前在吉林、甘肃、贵州等地开展了结构化森林经营技术实践研究。2017年，颁布实施了《结构化森林经营技术规程》(LY/T 2810—2017)和《结构化森林经营数据调查技术规程》(LY/T 2811—2017)两个行业标准。

(6) 近自然经营

近自然森林经营的对象是人工纯林，强调在操作过程中尽可能利用自然过程，在保持森林生态系统稳定的前提下，用尽可能少的森林经营投入来获得尽可能多的林产品；近自然经营并不排斥木材生产，认为只有最接近自然状态的森林才能实现各种效益最大化。近自然森林经营技术主要采用单株择伐与目标树相结合的方式。目标树经营是以单株林木为对象进行的近自然经营实践手段之一，把所有林木分类为目标树、特殊目标树、干扰树和其他树木等4种类型。目前，我国采取的近自然经营技术多是以目标树为架构的全林经营，即在培育目标树的同时也兼顾其他林木，这必然需要更高的成本投入。相对于林业发达国家，中国森林资源质量较差，并不能选出足够的完全符合条件的目标树，且目前劳动力成本相对较低，因此这种做法不失为综合考量的最优做法。

1.3.2.2 森林经营管理体系

根据《全国森林经营规划(2016—2050年)》，指导各地编制执行省级规划和县级规划，建立全国、省、县三级森林经营规划体系。根据《森林经营方案编制与实施纲要》，编制重点国有林区、国有林场森林经营方案，依据森林经营方案开展森林经营活动，构建"森林经营规划—森林经营方案—年度生产计划"管理体系，确保森林经营长期持续开展。其中，森林经营方案的制定是保证森林经营工作顺利实施的重要保障。

在我国，许多学者对森林经营方案编制的内容和方法进行了一系列研究。徐高福（2008）在千岛湖的森林经营方案编制中，将森林认证机制的引入作为研究目标，通过对传统森林经营方案编制内容的改进，提出了满足木材认证要求的森林经营方案的编制理念等；随后彭方有（2011）又对千岛湖的融合 FSC 森林认证的森林经营方案进行了细化研究。侯田田（2016）以森林资源现状效果评价、经营目标、经营区划、经营体系建立为主要方向，分析了北京市西山试验林场的森林资源现状及特点和以往的森林经营管理措施，对北京西山试验林场开展了森林经营方案编制工作。谢阳生等（2019）对多功能森林经营方案编制提出了编制理论和关键技术，包含了多功能森林经营区划、森林作业法设计、可持续采伐量计算、多功能森林经营的投入产出等内容，形成了多功能森林经营方案辅助设计系统。

随着计算机技术的发展，许多地区开始将 GIS 技术作为森林经营方案编制的主要手段，林分经营优化决策模型、专家系统、决策支持系统结合的智能决策系统 IDSS（intelligence decision support system）及基于大数据和计算机网络的群决策支持系统 GDSS（group decision support system）等优化技术成为发展新方向。张宝库（2009）利用 GIS 技术分析了四川省平武县木座乡的森林资源现状、存在问题等，根据生物多样性保护和环境恢复的先后顺序，研究分析森林经营方案的内容，编制了乡级森林经营方案。杨晔（2019）利用 GIS 对林场林地质量等级和林道设置状况进行了评价，在此基础上制定了林场的森林经营方针及生态功能区划。但是在研究中，应用信息技术手段需要特别注意遥感影像数据的精度问题，避免出现较大的误差。

1.3.2.3　森林经营监测与评估

在我国，森林经营的监测与评价主要体现在森林经营方案的实施和成效上。许多学者利用层次分析法对不同经营主体的森林经营方案的执行情况进行了评价（林杰等，1995；陈长雄，1996）。通过分析森林经营方案的执行情况，郭仁鉴（1998）从林业产值和经济收入两个方面对森林经营方案进行了量化评估；张剑（1999）为评估东北地区森林经营方案的实施效果建立了相应的模型。仝芳芳等（2017）指出，森林的可持续经营需要森林经营方案执行效果作为外部调控机制。在地区层面上，樊晴等（2018）结合经营实践和过程，建立了"面向经营成效、基于经营流程、指导经营实践"的三层次森林经营成效评价指标体系，对我国东北地区森林经营进行了科学全面的评价。在森林经营主体层面上，吴梦瑶（2019）结合系统论和适应性管理理论，构建了一套适合我国森林经营主体的森林经营方案监测与评价体系，并以昆嵛山林场为例，对所建立的监测与评价体系进行了应用和检验，结果表明，其具有一定的可行性和可操作性，能够有效地对森林经营方案进行评价；沙晓娟（2020）对比两期森林经营方案，分析上一期森林经营方案的编制情况，建立了林业局级森林经营方案实施效果评价指标体系，并运用多准则决策分析法对乌尔旗汉林业局上一期森林经营方案的实施效果进行了评价。

1.3.2.4　森林经营保障体系

（1）法律法规

我国现行的林业法律法规，如《中华人民共和国森林法》《中华人民共和国森林法实施条例》等，对于森林经营主体行为、经营环节、管理单位等方面进行了较为详细的规定。2003年颁布的《中共中央、国务院关于加快林业发展的决定》中重点指出要深化林业体制改革，进一步完善林业产权制度，加快推进森林、林木和林地使用权的合理流转，放手发展非公有制林业，深化重点国有林区和国有林场、苗圃管理体制改革，实行林业分类经营管理体制。在此基础上，2008年，中共中央、国务院印发的《全面推进集体林权制度改革的意见》中提出了完善集体林权制度改革的政策措施。2013年，中共中央、国务院印发的《国家级公益林管理办法》进一步规范和加强了公益林保护、经营和管理。2015年，中共中央、国务院印发的《国有林场改革方案》和《国有林区改革指导意见》中，大力推进国有林场政、事、企分开管理，健全责任明确、分级管理的森林资源监管体制。

（2）行政管理

管理体制是否健全关系到法律法规等制度能否高效运行。为加强森林管理体系建设，首先应确立基层森林经营管理机构的独立性，重视森林经营方案的实施（邓华锋，等，2005）。当前，我国在部分地区开展林木采伐管理改革，拟通过制订和执行森林经营方案，替代现有的限额采伐制度。为此，林业主管部门颁布了《森林经营方案编制与实施纲要》《森林经营方案编制技术规程》等，为当地森林经营方案的编制提供了指导。在森林经营过程中，为建立统一的管理机制，我国实行全面推行林长制改革，建立省、市、县、乡、村五级林长体系，构建党政同责、属地负责、部门协同、源头治理、全域覆盖的长效机制。

（3）经济政策

我国政府提供的林业财政补贴包括：①森林生态效益补偿：用于国家级公益林的保护和管理的支出；②林业补贴：用于林木良种培育、造林和森林抚育，以及湿地和自然保护区建设与保护等方面的支出；③森林公安补助：用于支持森林公安机关办案经费以及业务装备经费开支的补助；④国有林场改革补助：用于支持国有林场改革的一次性补助支出。随着经济体制改革的不断深入，政府运用国家财政及多种政府林业投资，进行社会公益性投资和林业贷款贴息补贴，包括：①预算内基本建设投资拨款；

主要用于防护林建设、森林保护工程建设、林业教育、科技建设、林业基础设施建设等；②国债资金：开始于1998年，止于2009年，主要用于林业重点工程建设；③财政专项基金：涵盖工程类、事业类、其他类等财政专项资金，其中工程类专项资金主要用于天然林保护、京津风沙源治理、退耕还林三大林业重点工程，事业类专项资金主要用于林业技术推广、森林抚育等；④农业综合开发资金：在农业和水利财政政策中涉及林业部分，属于小数额补助资金，用于营造水土保持林、水源涵养林、农田防护林等促进农民增收的项目；⑤信贷资金：在财政贴息的政策引导下，国家财政在林业领域使用的银行信贷资金。

(4) 科技支撑

通过借鉴国外先进的森林经营管理经验，我国初步建立了适应本国国情、林情的森林经营理论与技术体系。在技术规程方面，修订了《造林技术规程》《森林抚育规程》《低效林改造技术规程》等森林经营核心技术标准，制订了东北东部山地、大兴安岭、热带天然次生林等一批区域性森林抚育技术规程和地方实施细则，修订颁布了林木育种、造林、更新造林、采伐利用、规划设计、监测评价等方面的一系列技术标准，初步建立了以国家标准为指导，行业、区域和地方标准为补充的森林经营技术标准体系。在森林监测与评价方面，"十一五"期间开展了森林资源综合监测技术体系研究，2014年提出了"高分林业遥感应用示范系统"总体方案和专题产品体系，编制了高分林业应用相关技术规范，研制了高分林业遥感服务平台和应用系统，建立了各种森林经营决策系统，如森林资源资产评估专家系统、造林专家系统、森林经营方案辅助决策系统、杉木人工林多功能经营决策支持系统等。

1.3.3 对广东森林经营体系构建启示

1.3.3.1 国内外森林经营对比分析

在森林经营模式上，无论是德国的近自然经营模式，还是美国的生态系统经营模式，都与国家的社会、经济发展水平以及森林资源状况、森林经营现状需求等密切相关。各国的森林经营模式有所不同，但都经历了由采伐式林业到多功能林业、生态林业的发展阶段。我国森林资源丰富但森林质量不高，为促进科学经营，实行分区规划和分类经营模式，按照各经营区的森林类型和经营状况，因地制宜确定经营方向和经营策略。

在森林经营技术措施上，各国发展方向趋向一致，都提倡生态优先、可持续经营的理念。在造林方面都要求营造混交、复层、异龄林；针对所有的林分进行森林抚育，采用疏伐、卫生伐、生态伐等；在采伐方式上，各国均改变以往大面积皆伐的作业方式，而采用择伐或块状皆伐的方式；在采伐之后要求以天然更新为主、人工更新为辅或者人工辅助天然更新的方式，维护森林资源的持续稳定。我国根据森林经营目的和范围，制定了一系列技术规程，提出不同的经营技术措施，但仍存在纯林多、混交林少，以及中幼龄林抚育滞后、采伐利用不合理等问题。此外，德国、奥地利的林区道路网密度平均每公顷达 89~100 米，美国、澳大利亚、英国等达 10~30 米，而我国林区道路网密度只有 1.8 米，且这些国家各级政府投入林道等基础设施建设的资金比例达 60%~80%，我国尚没有专门的资金投入渠道。

在森林经营计划的编制与执行上，国外森林经营计划的制定都有严格的法律约束和监督制度，定期提交监测报告，注重公众参与，如美国、加拿大等国家在规划全过程中为公众提供参与机会和途径，并将公众意见纳入森林经营计划的编制和修订中。相较而言，我国森林经营方案编制虽然是一项法定性工作，但是法律执行力度弱，缺乏相应的法律约束。另外，在内容编制过程中不重视公众参与，缺少相应的评估与监督机制，在具体执行时也缺乏相应的森林资源保护措施。

在森林经营监测与评价上，国外的森林经营监测一开始主要是对资源进行监测，对生态和环境方面的监测较少，随着森林多功能经营理论的发展，欧美等发达国家开始从单一木材资源监测向多资源多功能综合监测转变。如美国从 20 世纪 70 年代开始，由于公众对生态和野生动物的关注以及法律方面的要求，将土壤、水质、气候等因素纳入森林资源监测项目，1990 年开始实行综合森林资源清查与森林健康监测体系。德国从 20 世纪 80 年代开始，其森林资源监测内容包含了森林健康、森林土壤和树木营养调查，并建立了研究森林致害因素及森林生态系统反应机制的固定观测样地体系。我国最初也侧重于森林面积、蓄积量等方面的监测，但是随着经济社会的发展，社会各界越来越重视生态建设和环境保护，我国逐渐向森林资源和生态状况综合监测体系发展，开始在原有监测体系基础上增加森林健康、环境状况等监测因子，但并没有根据各森林经营主体的实际需求建立完备的多功能综合监测体系。此外，各国都参与了森林可持续经营标准和指标体系、森林认证体系等国际活动，试图通过建立统一的可持续经营衡量标准，引入市场机制，来指导全球森林的可持续经营管理。

在森林经营保障体系上，大部分国家都制定有《森林法》，规定了森林经营的基本原则、经营方针和技术措施等，同时根据各国国情制定相应的法律法规，如德国制定《自然保护法》和《狩猎法》以保护生物多样性；澳大利亚制定《区域森林协定》以维持本土森林和木材的可持续管理。国外森林管理大多实行垂直管理体制，在不同程度上引入市场机制，将森林的管理权和经营权分离，让社会组织参与森林经营活动。此外，发达国家财政拨款、减税、补助等一系列激励政策支持造林、抚育、林道建设等经营活动；同时成立专门的研究机构和专项资金开展森林经营技术开发和普及教育等工作。近年来，我国虽然出台了一系列政策文件，大力推进林业体制改革，但仍存在许多问题有待解决，如当前法律法规缺乏森林经营具体规定、管理体制不顺、森林经营方案执行不力、资金投入不足等。

1.3.3.2 对广东森林经营体系构建启示

(1) 进一步完善森林经营理论与技术体系

在经营理念上，广东省应积极借鉴国际上可持续经营、多功能经营、近自然经营等先进森林经营理念，加强与香港、澳门、台湾地区的森林经营合作，开展森林经营国际合作与交流。推进森林经营理论和技术模式的创新，完善森林分类经营政策，协调各经营亚区发展。在经营技术上，由重两头轻中间向全周期经营转变，不仅要抓好造林和采伐管理，更要加大森林抚育力度，并采取现代化的抚育、采伐方式，同时加强林道等基础设施建设，提高营林生产机械化水平。

(2) 加快林业管理改革，与林业高质量发展规划衔接

深化林业行政执法体制改革，要加强乡镇街道综合行政执法及监督，加快构建新形势下林业行政执法体系。同时，在广东省全面推行林长制，建立省市县镇村五级林长体系，落实保护发展森林草原资源目标责任制。推进国有林场和集体林权制度改革，积极衔接全国林业"十四五"规划，建立全国、省、县三级森林经营规划体系，进一步加强森林经营监管力度，确保基层林业经营单位独立行使职责，保障森林经营规划的落实，构建"森林经营规划—森林经营方案—年度生产计划"管理体系，确保森林经营长期持续开展。

(3) 加强多方协调，促进森林经营方案的编制与执行

在森林经营过程中，政府不仅要加强制度建设和资金投入，也要充分发挥市场主体和社会组织的作用，提高基层单位各利益相关方参与制定森林经营方案的积极性。目前，广东省的社会参与机制并不完善，可以借鉴美国、加拿大的先进经验，组建多学科规划小组协助编制森林经营方案，同时采取研讨会、在线平台、问卷调查、社区论坛等方式，在制定和修订阶段邀请当地公民委员会或原住居民社区、其他利益相关者和感兴趣的市民参与，听取各参与方的意见，最终由注册的专业林务官员制定完成；在监测和评估阶段尽量满足公众的知情权和监督权，使公众参与贯穿森林经营方案制定与执行的全过程。

(4) 完善可持续经营指标，构建森林经营成效评价体系

由于森林可持续发展的复杂性，国际上至今仍没有公认的衡量方法和可持续经营指标体系。广东省应积极加入与森林有关的国际技术咨询小组，包括联合国森林论坛、生物多样性公约和联合国粮食及农业组织，开展长期合作研究和监测，以提出一套高效且统一的标准和指标。随后，根据地方实际，将更普遍和大规模的标准和指标方法推广到基层林业经营单位，对森林经营方案的实施情况及经营成效进行监测和评价，并将其与国家政策制度联系起来，成为在国家和地方两级实施的纽带。

1.4 广东森林经营概况

1.4.1 经营历程

(1) 雏形探索阶段(1949—1957年)

新中国成立初期,广东林业生产获得迅速恢复和发展,造林规模从1950年的1万公顷扩大到1957年的24.2万公顷,木材年产量从0.6万立方米提高到203万立方米,松香年产量从不足1万吨提高到2.37万吨,国有林场从9个发展到44个,到1957年广东省有林地面积420万公顷,覆盖率为20.9%,活立木蓄积量2.24亿立方米,均比新中国成立前增加7%以上。这一时期,土地改革和林农合作社等的涌现,促进生产关系的变革,推动林业的发展。林业机构逐步建立起来,1950年成立广东省农林厅,1954年成立广东省林业厅,地(市)县区也先后设立林业机构,重点林区共设置了500个林业站,并着手建立新的国有林场和开发大型国有林区等工作。

(2) 曲折发展阶段(1958—1965年)

1958年,在"大跃进"、"人民公社"和"大炼钢铁"的冲击下,林业建设遭受到巨大的挫折。各地大办公社林场,引发了乱砍滥伐森林,对森林资源造成了极其严重的破坏。1960年,中共中央发出《关于农村人民公社当前政策问题的紧急指示信》后,在所有制方面"左"倾的做法逐步得到纠正。1962年,林区已经基本恢复了以生产队为基本核算单位的体制,同时核减了林区的粮食上调任务,对林业生产实行奖售和补助,群众营林的积极性逐渐恢复;下放的省属企业也陆续收回,并开始开发边远林区和实施林业基地化、林场化和丰产化,林业开始稳定发展。这一时期,造林面积从1961年的8.6万公顷增加到1966年的53.9万公顷,木材年产量达到262.7万立方米,松香年产量增加到6.22万吨,全省对木材实行"四统一"(统一生产计划,统一贮存调拨,统一销售和统一财务管理)。1957—1964年,广东省活立木蓄积量减少481.8万立方米,林分蓄积量减少1325.5万立方米。至1964年,全省有林地面积491.9万公顷,活立木蓄积量达2.19亿立方米。

(3) 停滞发展阶段(1966—1978年)

在"文化大革命"和"农业学大寨"运动的影响下,康复中的林业又一次遭受了严重的挫折。乱砍滥伐时间之长、蔓延之广、损失之大都是空前的。木材生产从1969年起,出现了前所未有的连续5年无法完成国家计划的情况。每年造林数量虽然不少,但质量下降。到1978年连造林面积也比1966年下降了45.8%。这一时期,林业的各项经济指标剧烈起伏波动,森林的可伐资源濒于枯竭,山区经济陷于崩溃的边缘。山林权属的频繁变动,林业机构瓦解,干部下放,林政失管,导致山林纠纷迭起。

1978年,全省有林地587.8万公顷,林分蓄积量2.03亿立方米。仅1975—1978年,林分面积量减少30.4万公顷,林分蓄积量减少1249.7万立方米,其中近过熟林蓄积减少4127.8万立方米,乱砍滥伐木材693万立方米。

(4)改革发展阶段(1979—2002年)

1978年12月,党的十一届三中全会的召开,标志着中国进入了改革开放的新时期,广东林业从此进入了改革发展的新发展阶段。1985年,广东省委、省政府作出了"五年种上树、十年绿化广东"的决定,全省各地实现了绿化达标。1991年,广东省被党中央、国务院授予"全国荒山造林绿化第一省"的称号。1994年,省委、省政府作出"关于巩固绿化成果,加快林业现代化建设的决定",提出了"增资源、增效益、优化环境,基本实现林业现代化"的奋斗目标,强化森林分类经营改革,加快生态公益林和商品林基地建设。同年,广东省第八届人民代表大会常务委员会通过了《广东省森林保护管理条例》,正式以法律形式对全省森林实行分类经营管理。1998年,广东省委、省政府作出了《关于组织林业第二次创业,优化生态环境,加快林业产业化进程的决定》,实施生态公益林补偿机制、以省人民代表大会通过议案的形式营造生物防火林带工程和自然保护区建设工程。1985—2002年年底,有林地由463.0万公顷增加到932.6万公顷,森林覆盖率由27.7%增加到57.3%,林木蓄积量由1.7亿立方米增加到3.5亿立方米。森林资源实现了生长量大于消耗量的良性循环,生态状况和投资环境明显改善。

(5)快速发展阶段(2003—2012年)

2003年,《中共中央、国务院关于加快林业发展的决定》的出台标志着我国林业确立了以生态建设为主的林业发展方向。2005年,广东省委、省政府作出《关于加快建设林业生态省的决定》,对林业进行了明确定位:要在可持续发展战略中,赋予林业以重要地位;在生态建设中,赋予林业以首要地位;在经济建设中,赋予林业以基础地位。2009年,中央林业工作会议召开,"四个地位"和"四大历史使命"的确定把林业推上了一个前所未有的新高度,为广东省林业建设指明了方向,注入了强大动力。这一时期,广东林业开始由传统林业向现代林业发展,结合广东省情林情,提出建设"生态林业、创新林业、民生林业、文化林业、和谐林业"的新思路,用现代科学技术构建完善的林业生态体系、发达的林业产业体系、繁荣的生态文化体系,全面开发和不断提升林业多种功能。2012年年末,全省林地面积1097.16万公顷,活立木蓄积量4.92亿立方米,森林覆盖率57.7%,森林生态效益总值达11100.34亿元。

(6)提质增效阶段(2013—2020年)

党的十八大把生态文明建设纳入中国特色社会主义事业"五位一体"的总体布局,提出建设美丽中国、实现中华民族永续发展的奋斗目标,为新时期林业工作指明了方向。2013年,广东省委、省政府作出了《关于全面推进新一轮绿化广东大行动的决定》，提出建设森林生态体系完善、林业产业发达、林业生态文化繁荣、人与自然和谐的全国绿色生态第一省。广东林业从全局和战略的高度，加大自然生态系统和环境保护力度，开创生态文明建设的新局面。根据不同区域的自然地理特征、主体功能定位等，科学构建北部连绵山体森林生态屏障体系、珠江水系等主要水源地森林生态安全体系、珠三角城市群森林绿地体系、道路林带与绿道网生态体系和沿海防护林生态安全体系。通过实施森林碳汇工程、生态景观林带建设工程、森林进城围城工程和乡村绿化美化工程，全省掀起新一轮绿化广东大热潮，林业建设逐步得到了完善和提升。

（7）高质量发展阶段（2021年以后）

"十四五"时期是我国全面建成小康社会、实现第一个百年奋斗目标之后，乘势而上开启全面建设社会主义现代化国家新征程、向第二个百年奋斗目标进军的第一个五年。全面贯彻党的十九届六中全会精神，以及习近平总书记对广东系列重要讲话和重要指示批示精神，广东林业提出以高质量发展为主线，牢固树立"绿水青山就是金山银山"理念，以改革创新为根本动力，以满足人民日益增长的美好生活需要为根本目的，紧紧围绕"一核一带一区"区域发展格局，实施绿美广东大行动，建设南粤秀美山川，推动广东林业生态文明建设走在全国前列，为广东在全面建设社会主义现代化国家新征程中走在全国前列、创造新的辉煌提供生态支撑。

1.4.2 经营研究

自改革开放40余年来，广东高度重视林业建设，森林经营工作成效显著。20世纪80年代以来，广东省委、省政府相继作出了"五年种上树十年绿化广东""关于巩固绿化成果，加快林业现代化建设的决定""关于组织林业第二次创业，优化生态环境，加快林业产业进程"等一系列决定，以分类经营为指针，培育资源为基础，提高效益为中心，由以木材利用为主的传统林业向以生态效益优先三大效益兼顾的现代林业转变。

在森林经营计划的编制和执行方面，根据《全国森林经营规划（2016—2050年）》《省级森林经营规划编制指南》，编制了《广东省森林经营规划（2016—2050年）》，提出了符合广东省情林情的多功能森林经营技术体系，把全省划分为9个森林经营亚区，并分别提出了经营方向和经营策略，明确了各经营亚区的经营目标和主要任务。各地根据《全国森林经营规划（2016—2050年）》编制省、市、县属国有林场森林经营方案和县级森林经营规划，将各项经营任务落实到具体的年度计划。

在森林经营监测与评价方面，1999年以来，广东省先后启动了水源涵养林建设工程、绿色通道建设工程、自然保护区和森林公园建设工程、生物防火林带建设工程、沿海防护林及红树林建设工程、林分改造等林业重点工程，建立了生态效益监测评估体系，显著提高了森林生态效益。此外，建立了广东省首家林业碳汇计量监测中心，指导和开展广东地区林业碳汇计量监测、碳汇造林和其他研究工作。

在森林经营保障体系方面，一是制订、修订《广东省森林保护管理条例》《广东省林地保护管理条例》《广东省湿地保护条例》《广东省封山育林条例》《广东省野生动物保护管理条例》《广东省森林防火条例》《广东省生态景观林带建设管理办法》等法律法规，进一步完善森林经营制度体系。二是推进国有林场事企分开，实行以国有林场为重点的国有森林资源有偿使用制度改革。制订完善集体林权制度的实施方案，巩固完善林地所有权、承包权、经营权"三权"分置运行机制。出台《广东省林长制试点工作方案》，积极推进林长制试点工作，建立由党委和政府主要负责同志担任总林长的县镇、村三级林长制体系。三是将林业碳汇纳入全省碳排放权交易体系。《广东省碳排放管理试行办法》将林业碳汇纳入广东碳排放权管理机制中，允许控排企业可利用林业碳汇（不超过10%）抵减实际碳排，将企业行为与造林绿化、生态保护有机结合起来，鼓励企业捐资发展碳汇林，鼓励社会资金通过义务植树、碳交易投入碳汇林业建设，标志着我省在政策机制上的率先突破和先行先试，突出了广东特色。同时，制订了《广东林业碳汇项目管理和交易实施办法》和《广东省林业碳汇计量、监测与认证核证指南》，与广州碳排放权交易所签署《关于推进林业碳汇交易的合作协议》，推动碳排放权交易试点工作。

在森林资源的经营管理方面，一是提高森林数量和质量。2011—2015年，广东省大力开展森林碳汇造林、生态景观林带、乡村绿化美化示范村、各级森林公园和湿地公园建设，营造混交林，至2015年，全省建有速生丰产林竹林、珍贵树种林、油茶林和木材战略储备林等各类基地315万公顷，珍贵树种和大径级用材林面积比例达10%以上。二是强化林地林木管理。严格执行森林采伐限额制度，完成广东省森林资源调查，建立广东省森林资源信息管理平台，实现数据实时在线更新和动态监测，并组织开展森林督查及执法专项行动。三是强化公益林（天然林）管理。严控公益林采伐，全面停止天然林商业性采伐。建设公益林精细化管理系统，实施公益林激励性补助和分区域差异化补偿，健全森林生态效益补偿稳步增长机制，平均补偿标准由2016年每公顷390元提高到2020年每公顷600元，5年来累计投入财政补偿资金140.05亿元。加强天然林保护，基本完成天然林核定落界，累计落实中央财政国有天然商品林停伐和管护补助资金132亿元，管护天然商品林1.16万公顷。此外，还开展了林业灾害防治、野生动植物保护、湿地资源保护等方面的工作。

1.4.3 森林资源特点及存在短板

1.4.3.1 森林资源特点

（1）林地资源概况

根据广东省2020年森林资源"一张图"更新数据，全省森林总面积1059.43万公顷，森林覆盖率58.66%，林木绿化率59.13%。

林地面积1061.86万公顷，其中：有林地921.05万公顷，占比86.74%；灌木林地71.99万公顷，占比6.78%；疏林地1.94万公顷，占比0.18%；未成林地21.73万公顷，占比2.05%；无林地43.63万公顷，占比4.11%；其他林地1.52万公顷，占比0.14%。

（2）资源权属特征

林地按使用权分，国有面积84.37万公顷，占比7.95%；集体面积677.12万公顷，占比63.77%；个人293.25万公顷，占比27.62%；民营面积6.22万公顷，占比0.59%；外商面积0.62万公顷，占比0.06%；其他0.27万公顷，占比0.03%。

林木按使用权分，国有面积72.95万公顷，占比7.18%；集体面积463.29万公顷，占比45.57%；个人468.32万公顷，占比46.06%；民营面积10.61万公顷，占比1.04%；外商面积1.24万公顷，占比0.12%；其他0.31万公顷，占比0.03%。

（3）空间分布特征

森林资源主要分布在粤北地区，其次分别是珠三角、粤西和粤东地区，林地面积占总面积的比例分别是54.5%、25.9%、12.2%和7.5%（图1-1）；有林地面积占总面积的比例分别是53.2%、26.6%、12.7%和7.4%（图1-2）。

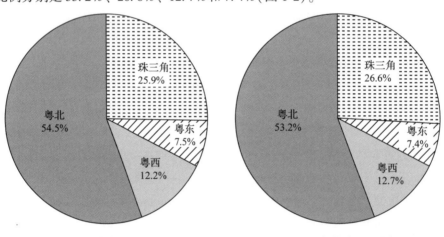

图1-1 林地面积比例　　　　图1-2 有林地面积比例

从各区域林种结构看，珠三角、粤东和粤北地区生态公益林和商品林的比例分别为1∶1.8、1∶1.5、1∶1.3，而粤西地区的比例达到1∶2.5，粤西地区的林种结构有待进一步优化（图1-3）。

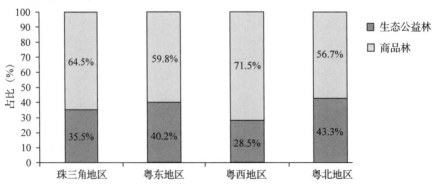

图1-3 林种结构面积比例

(4) 资源质量特征

①林种结构。公益林面积484.24万公顷，占比45.60%，其中：防护林405.84公顷，占比38.22%；特种用途林78.40万公顷，占比7.38%。商品林面积577.61万公顷，占比54.40%，其中：用材林514.51万公顷，占比48.45%；薪炭林7.07万公顷，占比0.67%；经济林面积56.03万公顷，占比5.28%。

②起源结构。天然林366.33万公顷，占比36.03%，其中：天然乔木林321.08万公顷，占比31.58%；天然竹林13.78万公顷，占比1.36%；天然红树林0.79万公顷，占比0.08%；天然疏林地0.59万公顷，占比0.06%；天然未成林地1.16万公顷，占比0.11%；天然灌木林28.93万公顷，占比2.85%。人工林650.38万公顷，占比63.97%，其中：人工乔木林555.61万公顷，占比54.65%；人工竹林29.19万公顷，占比2.87%；人工红树林0.61万公顷，占比0.06%；人工疏林地1.35万公顷，占比0.13%；人工未成林地20.58万公顷，占比2.02%；人工灌木林43.05万公顷，占比4.23%。

③龄组结构。乔木林按龄组分，幼龄林面积253.12万公顷，占比28.59%，蓄积量9447.16万立方米，占比16.42%；中龄林面积274.52万公顷，占比31.40%，蓄积量20012.1万立方米，占比34.79%；近熟林面积169.65万公顷，占比19.41%，蓄积量14248.90万立方米，占比24.77%；成熟林面积107.66万公顷，占比12.31%，蓄积量10022.3万立方米，占比17.42%；过熟林面积33.71万公顷，占比3.86%，蓄积量3444.09万立方米，占比5.99%；经济林面积35.59万公顷，占比4.07%，蓄积量342.55万立方米，占比0.60%。

④优势树种（组）结构。乔木林按优势树种（组）分，面积和蓄积量居前三的分别是桉树面积176.21万公顷，占比20.10%；其他软阔面积154.17万公顷，占比17.59%；马尾松（广东松）面积119.75万公顷，占比13.66%。

(5) 生态功能特征

①生态功能等级。全省森林生态功能等级，Ⅰ类林面积39.98万公顷，占比3.77%；Ⅱ类林面积797.06万公顷，占比75.06%；Ⅲ类林面积224.81万公顷，占比21.17%。

②森林健康。全省森林健康度等级，健康面积911.49万公顷，占比85.84%；亚健康面积122.53万公顷，占比11.54%；中健康面积21.02万公顷，占比1.98%；不健康面积6.81万公顷，占比0.64%。

③森林自然度。全省森林自然度等级，Ⅰ类林面积5.84万公顷，占比0.55%；Ⅱ类林面积131.76万公顷，占比12.41%；Ⅲ类林面积173.25万公顷，占比16.32%；Ⅳ类林面积72.7万公顷，占比6.85%；Ⅴ类林面积678.30万公顷，占比63.88%。

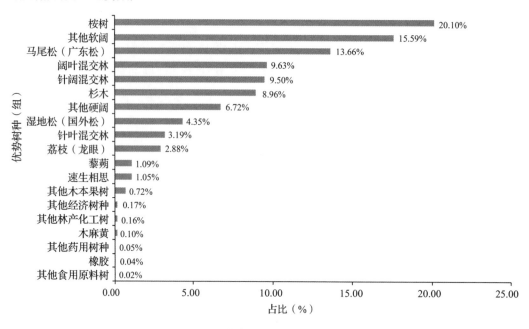

图 1-4 优势树种(组)面积占比

④森林景观。全省森林景观资源等级，Ⅰ级面积 7.96 万公顷，占比 0.86%；Ⅱ级面积 70.10 万公顷，占比 7.61%；Ⅲ级面积 200.03 万公顷，占比 21.72%；Ⅳ级面积 642.71 万公顷，占比 69.80%。

1.4.3.2 存在短板

(1)全周期森林经营意识缺乏

在森林经营实践过程中，对于部分地方政府部门而言，在各种行政目标的选择中，相对容易忽略森林的科学经营，觉得与其他最急迫解决问题相比较，森林经营问题似乎并不是那么重要，至少森林的科学经营问题可以暂缓解决，而且更希望通过森林经营提供尽可能多的财政性收入，由此，森林经营的目标不再是森林结构的调整，也不再是可持续的生产能力的建立，而是尽早地创造收益。对于部分森林经营者而言，追求短期利益较大化，某些经营单位往往以提高当年或近几年的收入为森林经营目标，而不太关心长期的森林结构调整，只要以短期收益为目标，经营者采取的经营方法必然是尽可能多地采伐现有的可采资源，而不关心长期的、可持续的森林经营，结果是经营单位的可采资源状况日益恶化，经营单位陷入财务危机的困境。此外，森林经营方案编制相对滞后，全省森林经营试点工作推进较慢。

(2)森林生态及服务功能有待提升

实施新一轮绿化广东大行动，特别是"十三五"以来，广东省国土绿化取得较好成效，基本实现满山皆绿。但森林资源质量总体不高，林地产出率偏低；生态资源空间分布不均，生态系统破碎化，连通度不够；生物多样性指数不高，原生、次生植被少，人工林树种相对单一；沿海防护林生态系统受损或退化，雷州半岛热带季雨林生态系统有待恢复；森林涵养水源、保持水土等生态功能不足，这些都与广东社会经济发展水平极不相匹配，必须通过加强森林经营来提高森林质量。

(3) 优质生态产品供给不足

随着经济发展和人民生活水平的提高，社会公众对森林、湿地、野生动植物、水资源、清洁空气、生态康养、宜居环境等生态产品的需求日益增加。优质的生态资源尚未有效地转化为优质的生态产品，特别是都市圈内优质生态产品相对缺乏；以森林康养为主的结合休闲、运动、文化等满足人们高质量需求的生态公共服务供给不足；森林旅游业发展仍然不够完善，特色品牌少；自然教育起步晚，产品不丰富；木本油料、森林食品、道地林药等林源产品精品少。

(4) 林业科技支撑力度不足

当前，除桉树、松树、杉木、红椎、油茶、木荷、木麻黄等少数树种已选育出良种外，许多乡土树种和珍贵树种没有培育或推广良种，不能满足造林需要。在经营措施上，缺乏有效的引导和示范，经营过程较为粗放，一些测土配方、造林季节选择、抚育方式等没有科学把控，影响了森林经营效益。林业信息化建设滞后，大数据融合度低，互联网等现代先进技术应用不足，森林资源数据采集方式落后，各类专题数据信息共享差。此外，森林经营方案编制相对滞后，全省森林经营试点工作推进较慢。

1.5 研究内容与技术路线

1.5.1 研究内容

以现代森林经营体系理论为指导，以服务广东国家、省、县三级林业主管部门和相关森林经营主体为目的，通过三级森林经营规划（包括国家、省级及县级）、森林经营方案编制与执行、森林经营成效监测与评估等制度体系等，构建起一个科学、完整和可行的广东森林经营体系。主要包括：

(1) 广东森林经营三级规划技术体系研究

从宏观森林经营管理的角度，阐述各层级林业主管部门对森林经营的指导性、约束性，包括全国森林经营规划广东定位，广东省级森林经营规划及县级森林经营规划编制中的森林分类、森林经营功能区划分、森林经营类型组织及经营作业法等技术体系。

(2) 广东森林经营方案编制与执行技术体系研究

从经营单位层面出发，研究森林经营过程由森林经营方案编制、森林经营方案执行反馈和森林经营方案执行评估3个子系统之间存在复杂的耦合关系，其中森林经营方案编制是森林经营方案执行反馈过程和森林经营方案执行评估过程的基础和依据，其循环周期一般为5~10年。这一过程经历森林经营方案编制资格审查、森林经营方案编写和森林经营方案审查；森林经营方案执行反馈过程以森林经营方案为准则，通过年度目标分解、责任落实执行、绩效评定、森林资源分析和经济活动分析，形成森林经营过程的内部约束机制。这一过程每年循环一次。森林经营方案监测评估过程是森林经营单位的上级主管部门和社会对森林经营方案执行情况进行认可、鉴定、引导、监督和协调，形成森林经营方案实施的外部机制。

（3）广东森林经营成效监测与评估技术体系研究

根据广东森林经营实际，从宏观规划实施及经营单位级森林经营方案执行的角度，确定森林经营成效监测与评估的原则、方法、内容、技术及指标体系等，科学合理评估广东森林经营水平。

1.5.2 技术路线

技术路线如图1-5。

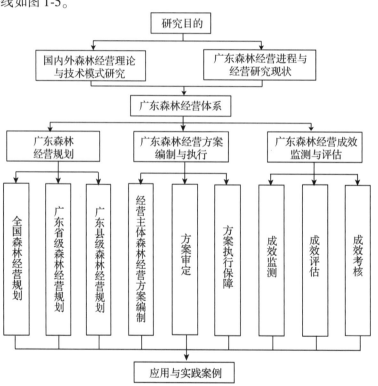

图1-5 技术路线

第 2 章

广东森林经营体系构建

2.1 基本概念

2.1.1 森林

森林是"地球之肺",是陆地生态系统的主体,是人类生存与发展、全球生态环境维护与改善的重要物质基础。森林生态系统是结构最多样、物种最丰富、功能最强大的复杂系统。森林中不仅有各种乔木、灌木、草本、藤本寄生、附生植物以及苔藓、地衣类植物生长,而且还有依靠森林植物为生的昆虫、鸟类、兽类动物,也有依靠动物为生的一些食肉动物以及依靠森林中死有机体为生的细菌、真菌等一些腐生的分解者生存。森林中还包括光、热、水、大气、土壤、基岩等物质,它们彼此相互依存和相互制约,不断进行着物质循环、能量转移、信息交流,形成一个开放的复杂的森林生态系统,也称为森林生物地理群落。

2.1.1.1 森林与森林资源

森林的概念,随着人们认识的不断深化,特别是森林资源在人类生存和发展进程中作用的不断拓展,其范围与内涵也在不断变化。森林是一个复杂的概念,是地球上面积最大、结构最复杂、功能最多和最稳定的陆地生态系统(张会儒,2020)。作为一个复杂概念,森林可以从不同角度对它进行定义。

(1)树木视角

研究森林时可以简单地只考虑树木,一般人都知道"单木不成林""众木为林"。汉《淮南子》一书中就把"木丛曰林"作为森林的定义,只考虑决定群落外貌特征的那些森林植物,最明显的是当我们想到一片云冷杉林、一片人工落叶松林或者其他各种森林类型时,就是单独以优势树种的名称来区分森林群落。

(2)作用关系视角

森林定义的第二个视角是以林木与其他有机体之间的相互作用关系为基础,某些草本植物和灌木通常和云冷杉林相结合，另外鸟类、哺乳类、节肢动物、真菌、细菌等也表现了类似的相互关系。森林可以认为是生活在一个生物群丛亦即生物群落中的植物和动物的集合体。所以，森林群丛或森林群落就是一起生活在一个共同环境中的植物和动物的集合体，这样的定义要比单纯从树木视角对森林进行定义要明确得多。

(3) 生态系统视角

森林群落所在的物理环境是由地上部分周围的大气和地下部分周围的土壤所组成的，森林是林木和林地的总称，把林木林地和周围的环境视为统一体，森林群落和它的环境一起构成一个生态系统，亦即说森林是个生物地理群落，这是从生态系统视角而言对森林概念的比较全面的定义。

(4) 环境视角

森林的生存和发展除受外部环境条件制约外，还受森林内部环境中个体生物的遗传性和变异性的制约与影响。随着外部环境条件的变化，不同基因型的种群可能会交替地变得更有适应力，自然选择也就有利于其生存与演化，进而获得进化优势。森林的物种更新和自然稀疏衰亡过程是森林生存和发展的主要内部矛盾，也是森林的生存和发展的主要动力。

森林对环境有一定的要求，森林也有适应环境的能力。森林适应外界环境的过程，往往也是改造环境的过程。例如，由桦木组成的森林群落常常会在空旷地上或火烧迹地上形成，由于桦木群落的形成，枯枝落叶层加厚、土壤肥力增加、林内湿度加大、光照强度下降，为耐阴树种云杉和冷杉在林冠下更新创造了条件，使环境得到改善。由桦木纯林发展成异龄混交林，由低生产力阶段发展到高生产力阶段。因此，森林受环境的制约，随着时间和空间的变化森林也在发生变化，同时也影响着一定范围内的外界环境。

(5) 森林概念的严格定义

如上所述，森林是植被类型之一，以乔木树种为主体，包括灌木、草本植物以及其他生物在内，占有相当的空间，密集生长，并能显著影响周围环境的生物地理群落。森林与环境是一个对立统一的、不可分割的总体。二者相互联系、相互制约、相互作用，随时间和空间而发展变化。

因此，可以将森林的概念定义概括总结为森林是以乔木树种为主的具有一定面积和密度的木本植物群落，受环境的制约又影响环境，形成独特的(有区别的)森林生态系统整体(亢新刚，2011)。要理解这个定义，就必须理解以下4个方面的意义：

①乔木树种为主。森林必须以乔木为主，这是人们对森林定义的一般标准，但这个标准不应是森林严格定义的最本质决定因素，因为不少灌木树种因为培育目的不同，也可以生长得比乔木树种还高，反之乔木树种也可以因为培养目的不同而长成灌木林。因此可以理解为乔木无疑组成森林，而灌木往往构不成森林，这要看它们对外部环境的影响作用。

②具有一定面积。这是说这片林木对周围环境是否产生了明显的影响。如果面积

小、林木数量少，结构过于简单，森林群落无法对环境产生明显的影响，这也是不能称之为森林的。

③具有一定密度。一定密度和一定面积，这两个森林的不同特征是紧密相关的。但是面积再大的果园也不能称为森林，其原因就是稀疏的树木，不能形成群体环境，对周围地区影响不大。但密度更重要的意义在于形成森林内部的结构和塑造林木的良好作用。

④生态系统整体。这是以上3方面因素形成的综合指标。林木受环境的制约又影响着外界环境，这个相互作用，不是更新造林时就具有的。环境决定了林木能否生存，幼苗或幼树影响环境能力很弱，只有郁闭成林，对环境的作用才明显起来。此时，森林更加稳定，生物量逐渐增加，食物链(网)更加完整，生态系统的功能加强，形成有区别的、有独特特征的森林生态系统。

森林资源是林业的基础，没有森林资源就没有林业。森林资源是指林木、林地及其所在空间内的一切森林植物、动物、微生物以及这些生命体赖以生存并对其有重要影响的自然环境条件的总称。

2.1.1.2 林地面积计算

依据《"国家特别规定的灌木林地"的规定》及《第三次全国国土调查工作分类地类认定细则》(国务院第三次全国国土调查领导小组办公室，2019年4月)，林地是指生长乔木、竹类、灌木的土地。包括迹地，不包括沿海生长红树林的土地、森林沼泽、灌丛沼泽、城镇、村庄范围内的绿化林木用地，铁路、公路征地范围内的林木，以及河流、沟渠的护堤林。林地包括乔木林地、竹林地、灌木林地和其他林地4个二级地类。

①乔木林地是指乔木郁闭度≥0.2的林地，不包括森林沼泽；
②竹林地是指生长竹类植物，郁闭度≥0.2的林地；
③灌木林地是指灌木覆盖度≥40%的林地，不包括灌丛沼泽；
④其他林地是指包括疏林地(树木郁闭度≥0.1、<0.2的林地)、未成林地、迹地、苗圃等林地。具体包括：郁闭度≥0.1、<0.2的林地；林木被采伐或火烧后未更新的土地；固定用于林木育苗的土地；未达到成林年限，且造林成活率等指标达到规定的未成林地。2022年1月1日实施新标准《林地分类》(LY/T 1812—2021)明确规定林地资源的分类分级体系和分类技术标准，见表2-1。

表2-1 林地分类及技术标准表

序号	地类	技术标准
1	乔木林地	乔木郁闭度≥0.2的林地，不包括森林沼泽
2	竹林地	生长竹类植物，郁闭度≥0.2的林地
3	疏林地	乔木郁闭度在0.10~0.19之间的林地
4	灌木林地	灌木覆盖度≥40%的林地，不包括灌丛沼泽
4.1	特殊灌木林地	符合《"国家特别规定的灌木林"的规定》规定的灌木林地
4.2	一般灌木林地	"特殊灌木林地"以外的灌木林地

(续)

序号	地类	技术标准
5	未成林造林地	人工造林(包括直播、植苗)、飞播造林和封山(沙)育林后在成林年限前分别达到人工造林、飞播造林、封山(沙)育林合格标准的林地。人工造林合格标准按 GB/T 15776—2016 的规定执行;飞播造林合格标准按 GB/T 15162—2018 的规定执行;封山(沙)育林合格标准按 GB/T 15163—2018 的规定执行
5.1	未成林人工造林地	人工造林(包括直播、植苗)、飞播造林后在成林年限前分别达到 GB/T 15776—2016、GB/T 15162—2018 规定的合格标准的林地
5.2	未成林封育地	封山(沙)育林后在成林年限前达到 CB/T 15163—2018 的规定的合格标准的林地
6	迹地	乔木林地、灌木林地在采伐、火灾、平茬、割灌等作业活动后,分别达不到疏林地、灌木林地标准、尚未人工更新的林地
6.1	采伐迹地	乔木林地采伐作业后 3 年内活力木达不到疏林地标准、尚未人工更新的林地
6.2	火烧迹地	乔木林地火灾等灾害后 3 年内活立木达不到疏林地标准、尚未人工更新的林地
6.3	其他迹地	人工造林、封山(沙)育林后达到成林年限但尚未达到疏林地标准的林地,以及灌木林地经采伐、平茬、割灌等经营活动或者火灾发生后,盖度达不到40%的林地
7	苗圃地	固定的林木和木本花卉育苗用地,不包括母树林、种子园、采穗圃、种质基地等种子、种条生产用地以及种子加工、储藏等设施用地

2.1.1.3 森林面积计算

森林含义可以从不同角度进行定性的描述界定,但在林业科研与生产实践中,一般会对森林概念进行具体的量化定义,以方便计算森林面积。世界各国对森林面积计算标准不同,可以从森林面积大小、林分郁闭程度、树木高度和林带宽度等不同角度测算,部分国家森林面积计算标准见表 2-2。

表 2-2 森林面积计算标准

国家/地区	最小(临界)值			
	面积(公顷)	郁闭度	树高(米)	林带宽(米)
中国	0.067	0.2	5	10
俄罗斯	—	0.3	—	—
加拿大	0.5	0.2	5	—
美国	0.4	0.1	4	36
刚果民主共和国	2	0.1	—	—
澳大利亚	—	0.3	5	—
苏丹	—	0.4	10	—
印度	—	0.1	—	—
瑞典	0.25	0.2	5	—
日本	0.3	0.2	5	—
芬兰	0.25	—	—	—
法国	0.05	0.1	5~7	25
德国	0.1	0.2	—	10
联合国气候变化框架公约	0.05~1	0.1~0.3	2~5	—
全球森林资源评估 2020	0.5	0.1	5	20

我国计算森林面积时界定的森林标准：面积大于 0.067 公顷,郁闭度不小于 0.20(林木树冠层覆盖度不小于20%)的林地,包括乔木林(含行数在 2 行以上且行距小于等于 4 米或林冠冠幅投影宽度在 10 米以上的防护林带、网)、红树林、竹林。"国家特别规定的灌木林地"特指分布在年均降水量 400 毫米以下的干旱(含极干旱、干旱、半干旱)地区,或乔木分布(垂直分布)上限以上,或热带亚热带岩溶地区、干热(干旱)河谷等生态环境脆弱地带,专为防护用途,且覆盖度为 30%的灌木林地,以及以获取经济效益为目的进行经营的灌木经济林。

森林覆盖率和林木绿化率计算公式因森林资源规划设计调查和森林资源连续清查调查类型不同有如下几种公式：

(1) 森林覆盖率

森林覆盖率% = (有林地面积 + 国家特别规定灌木林地面积)/土地总面积×100%;

森林覆盖率% = (乔木林地面积 + 竹林地面积 + 国家特别规定灌木林地面积)/土地总面积×100%。

(2) 林木绿化率

林木绿化率% = (有林地面积 + 灌木林地面积 + 四旁树占地面积)/土地总面积×100%;

林木绿化率% = (乔木林地面积 + 竹林地面积 + 灌木林地面积 + 四旁树占地面积)/土地总面积×100%。

其中,四旁树占地面积按 1650 株/公顷计(每亩 110 株)。

2.1.1.4 森林主要功能

森林作为一个复杂的生态系统,以多种方式和机制影响着陆地上的气象、水文、土壤、生物、化学等过程,从而形成了人类可以利用的多种功能,发挥着巨大的经济、社会和生态效益。根据《联合国千年生态系统评估报告》,森林生态系统功能可以分为供给、调节、文化和支持等四大类。

(1) 供给功能

供给功能指森林生态系统通过初级和次级生产提供给人类直接利用的各种产品,如木材、食物、薪材、生物能源、纤维、饮用水、药材、生物化学产品、药用资源和生物遗传资源等。

(2) 调节功能

调节功能指森林生态系统通过生物化学循环和其他生物圈过程调节生态过程和生命支持系统的能力。除森林生态系统本身的健康外,还提供许多人类可直接或间接利用的服务,如净化空气、调节气候、保持水土、净化水质、减缓自然灾害、控制病虫害、控制植被分布和传粉等。

(3) 文化功能

文化功能指通过丰富人们的精神生活、发展认知、大脑思考、生态教育、休闲游憩、消遣娱乐、美学欣赏、宗教文化等，使人类从森林生态系统中获得精神财富。

(4) 支持功能

支持功能指森林生态系统为野生动植物提供生境，保护其生物多样性和进化过程的功能，这些物种可以维持其他的生态系统功能。

我国传统上将森林分为五类（五大林种）：用材林、防护林、经济林、薪炭林和特种用途林。按主导功能的不同将森林（含林地）分为生态公益林和商品林两个类别，见表 2-3。生态公益林是以保护和改善人类生存环境、维持生态平衡、保存物种资源、科学试验、森林旅游、国土安全等需要为主要经营目的的森林，包括防护林和特种用途林。商品林是以生产木材、竹材、薪材、干鲜果品和其他工业原料等为主要经营目的的森林。理论上，每一片森林都是多功能的，但从人类利用的角度，森林的多个功能的重要性是不同的，即存在一个或多个主导功能（中国林业科学研究院多功能林业编写组，2010），森林的多种功能之间并非始终保持一致，而是存在一种对立统一的关系。

表 2-3 我国森林功能划分系统

森林类别	林种	亚林种
生态公益林	防护林	水源涵养林
		水土保持林
		防风固沙林
		农田牧场防护林
		护岸林
		护路林
		其他防护林
	特殊用途林	国防林
		实验林
		母树林
		环境保护林
		风景林
		名胜古迹和革命纪念林
		自然保护林
商品林	用材林	短轮伐期用材林
		速生丰产用材林
		一般用材林
	薪炭林	薪炭林
	经济林	果树林
		食用原料林
		林化工业原料林
		药用林
		其他经济林

2.1.2 森林经营

森林与经营的关系是密不可分的,森林质量的精准提升离不开科学经营,没有科学经营,提高森林质量是一句空言。林木的生长周期很长,通过人工造林或者靠自然力形成森林后,需要经历很长时间才能达到成熟收获。在森林整个生长发育过程中,为了使森林健康良好地生长,人们对森林实施造林、抚育、采伐等关键森林经营技术措施,主要通过调整树种组成、龄级结构、径级结构、树高结构、林分密度和林分空间结构,实现优化林分结构、促进林木生长、提高林分质量、完善森林功能之目的,即森林经营研究的主要内容。

随着时代和技术的不断进步,人们对森林经营的理解和定义也在不断发生变化,因此在森林经营的日常实践过程中,逐渐对森林经营的认识从传统森林经营转向现代森林经营。传统森林经营主要关注木材资源获取,而现代森林经营的目的不仅仅是为了获取木材,而且还包括所有森林产品和服务。林业的持续发展是从森林生态系统出发,将森林持续的物质产品和持续的环境服务放在同一位置上。

2.1.2.1 传统森林经营

传统森林经营是研究森林永续利用及其在技术上的反映,用科学的、经济的和社会的原则管理林业产业实现经济目的。其核心理论——法正林理论是古典经济学与林学相结合的产物,法正林理论由德国林学家提出并主导森林经理学科一百多年,在长期的森林经营实践中,一直把法正林作为人为控制和调整森林结构的一种理想范式。法正林理论在森林经营活动中具有重要的理论指导意义。主要包括:①法正林理论提出了一个实现森林永续利用的理想森林结构模型,对用材林森林结构调整具有重要的指导意义。②法正林理论的核心思想是用生长量来控制采伐量并保持两者之间的相对平衡,反映了采育结合、合理经营、永续利用的观点。③法正林理论要求森林面积按龄级均匀分配对于同龄林森林经营依然具有指导意义,引申到异龄林森林经营中则要求林分各径阶林木遵循一定比例分布。④法正林理论要求林分排列方式不仅有利于天然下种更新和保护幼树,对于生态环境建设和国土保护也有现实意义。以木材永续利用的法正林思想的诞生,表明人类在森林经营方面已经认识到森林永续利用不仅仅纯粹依靠原始森林获得木材,必须遵循采伐量不能大于生长量的森林经营基本准则。但是,以追求经济利益为主的木材永续利用,导致大批同龄针叶纯林的出现,造成地力严重衰退,病虫害危害严重,生物多样性减少,导致森林生态系统结构不稳定。

法正林理论受到一定程度的批判。如:①法正林四个条件过于苛刻,现实林往往是各式各样的,很难实现法正林结构,尤其是结构复杂的天然林没有必要调整到法正林状态。②法正林是一种简单再生产,不能扩大再生产,只考虑木材永续利用,未考虑森林生态系统整体功能发挥。③法正林带有很大假设性,它不考虑外部环境,而是根据模式化的森林结构和林分生长过程来分析森林数量和质量变化,未考虑自然因素和人为因素对森林的影响。因此,在林业实践中要完全按照法正林的要求去组织林业生产是很困难的。法正林是一种理论模型,是指导现实用材林经营的理想范式,在传统森林经营中发挥一定的作用,但对于现代森林经营,法正林难以指导森林经营实践活动。

传统森林经营的特点主要包括:

(1)传统森林经营的准则和方式是按照法正林理论进行

传统森林经营的核心理论是法正林理论,而法正林理论的基础是传统经济学理论以获取最大的经济收益为目标,追求森林生长量与采伐量的长期平衡,从而保持稳定的蓄积量、生长量和采伐量,保持稳定的龄级结构,进而实现森林收获利益最大化。

(2)传统森林经营的目的是持续不断的获取木材等各种林产品

传统森林经营以木材和其他林产品的商品生产为中心,把森林生态系统的其他服务功能放在从属的位置,其目的是通过对森林资源的经营管理不断地、均衡地向社会提供木材和其他林副产品并获得经济效益。

(3)传统森林经营的内容主要包括生产性经营

传统森林经营对象是以乔木为主的植物群落,强调森林生态系统物质产品的生产,重视森林资源实物量的保持与增长和森林本身的变化,其经营内容主要侧重于更新造林、森林抚育、林分改造、护林防火、林木病虫害防治、伐区管理等为获得林木和其他林产品而进行的生产性经营活动。

2.1.2.2 现代森林经营

传统森林经营以法正林理论为指导核心,现代森林经营以森林可持续经营理论为指导核心,通过建立一套科学合理的森林可持续经营评价标准和指标来实现林业可持续发展的目的。有四个重要观点(唐守正,2016),分别是:

(1)现代森林经营的准则和方式是模拟森林生长的自然过程

森林生长发育遵循四个基本规律:

①天然更新、优胜劣汰、连续覆盖。天然林自然生长过程中第一个规律是"天然更新、优胜劣汰、连续覆盖"。这个过程需要很长的时间,并且消耗大量的空间和地力资源。健康稳定的森林生态系统具有自我调节能力,可以抵抗正常的外来干扰,保持森林生态环境,因而持续发挥生态效益;退化的森林生态系统自我调节能力降低,不能有效地抵御外界的干扰,无法实现森林生态效益的可持续发展。森林经营应该模拟这个过程,持续保持森林合理结构。根据现实林分情况,以比较小的干扰,或者补充目的树种,或者清除干扰木,把更多的资源用在目的树的培育上,加快群体的生长发育过程和促进森林健康。这正是奥地利、德国等提倡近自然经营的根据。林木个体成熟

以后必然会停止生长逐渐死亡，为木材收获与林木更新提供物质与空间，森林经营工作必须顾及下一代。

②更新、发育与演替。自然生长过程中，森林从建群开始到最后形成稳定的顶级群落，经过不同的发育阶段。不同发育阶段林分结构不同，需要根据发育阶段调整树种、径阶、树高、密度等林分非空间结构与林木聚集度、混交度和大小比数等林分空间结构，使林分保持群体的健康和活力，以此确定相应的经营措施和指标。同时，通过森林经营，增加林分生长量和蓄积量以达到增加森林碳汇的目的，应对国际气候变化谈判有关协议对碳汇的贡献。由于森林类型的多样性，林分处于不同发育阶段，不可能有全国的统一标准。但是应该遵守共同的原则——模拟地带性顶级群落的发展过程。

③森林植被与土壤。土壤是森林生态系统的重要组成部分，是当地气候、母岩和植被长期作用的结果，原生植被提供了"适地适树"的参考，森林植被的发育促进了土壤发育，并且是提高土壤肥力的基础。森林生态系统的自肥效应以及水土保持、净化水质的效益是森林经营中需要很好学习的样板。不同树种凋落物的分解速度和养分含量不同，一般来说阔叶树优于针叶树，灌木和草本层对土壤肥力具有重大作用。只有在影响到幼树生长的情况下才需要割灌或除草，避免全林除草割灌。

④生物多样性。生物多样性包括遗传多样性、物种多样性、生态系统多样性三个层次，它是森林健康稳定的物质基础，保护生物多样性是森林经营的重要任务。生物多样性保护主要分为保护栖息地和保护稀有物种，其目的是维持生态系统平衡。其中，保护稀有物种的两种主要方式——原地保护和迁地保护，属于森林经营活动范畴。

(2) 现代森林经营的目的是培育稳定健康的森林生态系统

森林是一个生态系统，健康稳定完整的森林生态系统才能充分发挥森林的生态、经济和社会功能。结构决定功能，森林结构包括树种组成、林分密度、直径和树高结构、林分空间结构、下木和草本层结构、土壤结构等。一个健康稳定的森林生态系统林下幼苗幼树丰富，生态系统自我恢复能力强。现实林分往往难以达到这种合理的结构，需要采取辅助措施促进森林尽快达到合理结构状态，辅助措施即为森林经营措施。

例如，对于缺少目的树种的林分需要补植目的树种，对于一个过密或结构不合理的中幼龄林，必须采取森林抚育经营技术措施，间伐清除一些干扰木，促进目标树生长，保证林分整体的健康。对于异龄混交林中达到择伐径阶的林木按照一定择伐强度进行择伐，其目的是留出空间以利于幼苗幼树的更新，保持森林的活力。森林状况不同，需要采用不同的经营措施。总的原则是通过必要的措施，促进森林的活力，以达到培育稳定健康的森林目的。

(3) 森林经营的内容包括林业生产的全过程

森林经营贯穿整个森林生命过程，主要包括三个阶段：森林收获、森林更新、森林培育。广义的森林培育包括所有经营森林的技术措施，如中幼林抚育、林业有害生物防治、森林防火、野生动植物保护、土壤肥力管理、林道维护、水源和河溪保护和机械使用等。中幼林抚育是森林经营的一个重要内容，不要把森林经营仅仅理解为抚育采伐。木材收获是森林经营的一个方面，没有收获的森林经营是没有意义的，是不可持续的森林经营。森林更新有多种方式，在目标树经营系统中，更强调人工促进更新。

森林经营周期长、森林类型众多决定了森林经营措施的多样性。我国幅员广阔，森林类型繁多，各地森林处于不同发展阶段，各种林分在不同时期生长发育规律存在差异，这就需要经营者掌握和了解当地森林的特点，并将其作为制定经营措施的根据。不同森林类型、不同生长阶段的林分需要采取不同森林经营技术措施与标准，例如区分商品林主伐与生态公益林更新采伐之间的不同经营技术措施。

森林应该采用什么经营技术措施是由森林的林学和生物学特性所决定的。采取正确的经营技术措施可以促进森林的生长，反之则妨害森林的生长。同一森林类型包括不同的发育阶段，针对不同发育阶段采取不同的森林经营技术措施。如幼龄林的透光伐、幼中林的疏伐与中龄林的生长伐，以及郁闭前的除草和珍贵用材林中的割灌等适宜于不同林分条件和生长阶段。类似这样，针对特定森林类型的某个发育阶段所采取的具体经营措施和标准，就是森林经营的个性技术。总结完善各类个性技术汇集成森林经营完整的技术体系，实现森林质量精准提升的目的。

(4) 现代森林经营重视森林经营方案的作用

森林生命周期的长期性和森林类型的多样性，决定了森林经营措施的多样性。不同的林分应当采用相应的森林经营技术措施，既需要科学知识也需要实践经验。所谓科学知识就是要根据不同林分发育阶段，依据森林的林学和生物学特性确定应采取什么森林经营技术措施，有计划安排林业生产活动的全过程，即安排在什么时间、什么地点、对什么林分采用什么森林经营技术措施，即编制和实施森林经营方案，通过编制和实施科学合理的森林经营方案，以适应森林质量精准提升的要求。

2.1.3 森林经营主体

森林经营主体是指具有一定林地面积、范围边界明确、独立林地产权，并以森林资源为主要生产经营资料，长期从事森林经营活动，具有法人资格的独立森林经营者。如国有林业局、国有林场、国有苗圃、国有森林公园、国有自然保护区等国有企事业森林经营主体，还有集体林场、股份制森林经营联合体、林业专业大户、林农专业大户等集体森林经营主体。每一个森林经营主体依据其森林资源特点以及森林经营水平，遵循国家以及所属区域林业发展方向和森林经营目标要求，编制森林经营方案并依据森林经营方案经营区域内森林(含林地)，从事以培育稳定、健康、优质、高效的森林生态系统为目标的森林经营技术活动。

2.1.4 森林经营单位

森林经营单位(forest management organization unit)是指依据森林经营技术措施,将林分或林地分门别类地组成一套完整的森林经营系统,以便因地制宜、因林制宜地组织森林经营活动。森林经营单位包括林种区、森林经营类型(作业级)、经营小班。森林经营单位是森林质量精准提升的基础单位,对实现林业可持续发展起着十分重要的作用。

在同一林业局(或林场)范围内,由于森林类型和自然条件的不同,其各个组成部分的经济意义和森林的结构与功能往往多种多样,经营方针、经营目的和经营技术措施也不会相同。一般来说,在一个林场内把相互连接的以林班线为境界的地域范围划分成一个或几个林种区。

在同一林种区内根据树种或树种组、立地质量、森林起源、经营目的等组织森林经营类型(作业级),森林经营类型是地域上不一定连接,但经营方向和经营目标一致,可以采取相同经营技术措施体系的许多小班组织起来的森林经营单位。森林经营类型适用于同龄林和异龄林森林经营,目前世界各国森林经营大多采用这种方法。森林经营类型命名一般根据主要树种来命名,有时可以在主要树种之前再加上森林起源、立地质量、产品类型及防护性能等。当主要树种由几个树种组成时,也可按树种组命名。

也可以在同一林种区内,将林分类型相似的若干个小班组织或合并成固定经营小班,经营小班是地域上相连接,经营方向和经营目标一致,可以采取相同经营技术措施体系的许多小班组织起来的固定森林经营单位。常用的森林经营单位主要是森林经营类型。经营小班适用于异龄林森林经营,目前欧洲一些国家森林经营水平较高的林区多采用这种方法,作业法是以择伐为主,特别实施集约择伐。检查法就是以经营小班为森林经营单位进行的(于政中,1993;亢新刚,2011)。

2.1.5 森林经营体系

传统森林经营是以木材生产为核心,通过更新造林、森林抚育、林分改造、护林防火等林业生产性经营活动,使得森林生长量与采伐量实现长期平衡,进而获得稳定的蓄积量和采伐量,最终实现森林木材收获永续利用之目的。随着社会经济的不断发展,以及生态建设的地位和重要性越发突出,由于传统森林经营的木材收获与生态建设互为矛盾,因此传统森林经营逐渐无法适应新形势和新环境的变化与发展需求,亟需构建一套可以实现森林生态系统的经济效益、社会效益与生态效益能够有效统一和平衡的现代森林经营体系,促使森林生产由粗放型生产模式向集约型和精细型生产模式转型。

现代森林经营体系是以森林生态系统为对象，以森林经营技术措施规划、计划、实施、评价为核心，通过森林经营规划、森林经营方案、森林经营成效监测与评估等方式或方法，对包括森林抚育、林木改造、采伐更新、护林防火及林产品利用等在内的整个森林经营过程进行有效管控和调节，以推动森林质量实现稳步提升，其主要目标是培育稳定、健康、优质、高效的森林生态系统。

现代森林经营体系首先是通过森林经营规划，对当前的森林进行区域和功能划分，将森林分为公益性森林、商品性森林以及多功能性森林，对不同的森林类型有不同的功能定位。公益性森林是一种平衡社会和生态系统之间关系的过渡型森林类型；商品性森林的主要作用是为人类社会输出和提供持续适量木材的森林类型；多功能性森林既可以用于木材采伐收获，也可以用于生态系统的自然资源平衡。其次现代森林经营体系需要以森林经营方案为抓手，实现对不同类型森林经营主体的森林经营活动进行有效监督和管理，进而推动森林经营由传统粗放型生产模式向集约型和精细型生产模式的转型。最后现代森林经营体系需要通过森林经营成效的监测与评估，来实现对不同森林经营主体或单位的森林经营活动的量化分析，以期为下一步的森林经营规划提供科学依据和数据支撑。现代森林经营体系的根本目标和追求是培育、建立和维护稳定、健康、优质、高效的森林生态系统，以更好地服务自然万物和人类社会。

2.2 基础理论

2.2.1 生态学相关基础理论

1866年，德国生物学家E. Haeckel提出生态学（ecology）一词，他认为生态学是研究生物有机体与其无机环境之间相互关系的科学。不同学者对生态学有不同的定义，英国生态学家Elton(1927)把生态学定义为"科学的自然历史"，澳大利亚生态学家Andrewartha(1954)认为生态学是研究有机体的分布与多度的科学，强调了对种群动态的研究，美国生态学家Odum(1959，1971，1983)的定义是研究生态系统的结构与功能的科学，我国著名生态学家马世骏认为，生态学是研究生命系统和环境系统相互关系的科学。总之，生态学是研究有机体与环境之间相互关系及其作用机理的科学。森林生态系统属于生态学研究范畴，一个健康的森林生态系统可以是稳定的和可持续的，在时空上能够维持自身组织结构的复杂性和对胁迫的自我恢复能力，以满足自身的生存与发展，同时也满足人类发展的需求。但森林生态系统并非全部都是健康的，尤其是外部环境的各种变化致使森林生态系统无法正常运行，如果想要一个健康的森林生态系统可以稳定并且持续地进行下去的话，那么就必须要维持它本身的结构以及应对威胁的恢复力，适当的森林经营就是一种保持森林生态系统健康稳定的技术措施，在森林经营过程中必须遵循生态学基本理论，通过适当的森林干扰、增加系统生物多样性、保持生态要素最优生态位以及充分发挥林木生长的边缘效应，构建科学合理的森林经营体系，最大地发挥森林生态系统多功能目的。

2.2.1.1 森林干扰理论

森林演替是指在一定地段上，一种森林群落被另一种森林群落所取代的过程。森林演替是森林内部各组成成分间运动变化和发展的必然结果，在森林演替过程中通常伴随着树种的更替和组成变化。按照森林演替的性质和方向，可分为森林进展演替和逆行演替。进展演替是指在未经干扰的自然状态下或者适当干扰下，森林群落由结构简单、不稳定的群落类型向结构复杂、稳定性较高的群落类型发展的过程，主要表现为群落结构的复杂化、地上和地下空间的最大利用、生产力的最大利用和生产率的增加、群落环境的强烈改造。反之，逆行演替是指在人为破坏或自然灾害影响下，原来稳定性较大、结构复杂的群落消失，代之以结构简单、稳定性较小的群落，甚至倒退到裸地。森林演替的根本原因在于森林群落内部矛盾的发展。例如，臭柏群落进展演替实质是在臭柏群落作用下，基质理化特征和水条件向着有利于植物生活的方向发展；在逆行演替阶段，植物群落对基质作用微弱，水条件劣化（朱志态等，1996）。森林群落的自然演替理论具有极强的实践意义。人们对森林的利用、改造和经营都要服从群落演替规律；通过控制演替的过程和发展方向，人为促进天然次生林的正向演替，是短时间内提升森林质量的有效途径。森林经营实践显示：经营干扰会改变森林群落组成及林下环境，进而影响群落演替的方向与速度（曲仲湘等，1953；中国科学院鼎湖山森林生态系统定位研究站，1982）。不同的经营方式和强度会产生不同的结果，例如森林乱砍滥伐会造成植被严重破坏，导致森林功能退化。运用森林演替规律来指导森林经营，既可充分利用森林资源，又可避免森林群落向低级类型逆向演替。研究发现，适度的间伐强度及增加阔叶树种种源可以加速油松单层同龄纯林向复层异龄混交林的演替进程（石丽丽等，2013）。适当的森林干扰可以促进森林进展演替。

干扰是指使生态系统、群落或物种结构遭到破坏，导致基质和物理环境有效性发生显著变化的一种离散性事件（Pickett，1985）。周晓峰（1999）认为干扰是作用于生态系统的一种自然或人为外力，它使生态系统的结构发生改变，使生态系统动态过程偏离自然演变的方向和速度，其效果可能是建设性的，优化系统结构增强系统功能，也可能是破坏性的，劣化系统结构削弱系统功能，至于是优化还是劣化取决于干扰的强度与方式。按照干扰起因森林干扰可分为自然干扰和人为干扰。森林中常见的自然干扰包括生物性与非生物性，如火灾、风灾、雪灾、洪水、土壤侵蚀、冰川、火山活动等属于非生物性自然干扰，动物危害和病虫害等属于生物性自然干扰。人为干扰包括破坏性干扰和增益性干扰。破坏性干扰常常导致森林结构破坏、生态失衡和生态功能退化，如20世纪30年代以来中国东北森林的掠夺性采伐；增益性干扰则会促进森林生态系统的正向演替，比如合理采伐、人工更新和低质低效林改造等（周宇爝等，2009）。

中度干扰假说认为中等程度的干扰频率能维持较高的物种多样性（Connell，1978）。当扰动频率太低时，竞争力强的演替后期种在群落内取得绝对优势；当扰动频率太高时，只有那些生长速度快、侵占能力强的先锋物种能够生存；只有在中等扰动频率时，先锋种与演替后期种共存的机会最大，此时群落物种多样性也最高（Roxburgh，2004）。森林经营实践表明：中低强度采伐能够优化群落功能结构和谱系结构，从而促进资源利用、加快保留木的生长；高强度采伐会导致生态位空间过度释放，不利于资源的充分利用以及树木生长，也会对森林生物多样性产生严重的负面影响。因此，从调整群落结构、促进保留木生长以及保护生物多样性的角度出发，抚育采伐作业应控制在中等强度以内（李健等，2017）。

2.2.1.2 生物多样性原理

生物多样性是生物（动物、植物、微生物）及其与环境形成的生态复合体以及与此相关的各种生态过程的总和，表现在生命系统的各个组织水平上，由遗传（基因）多样性、物种多样性和生态系统多样性等部分构成。作为生态系统生产力、稳定性、抵抗生物入侵以及养分动态的主要决定性因素，生物多样性越高，生态系统功能性状的范围越广，生态系统服务质量也越高越稳定（李奇，2019）。生物多样性是生态系统功能的主要驱动力（Hooper，2005），可以在各个层次上促进生态系统功能（如初级生产力、养分循环等），进而支撑碳固定、水源涵养等生态系统服务（Cardinale，2012）。具备多重生态系统功能和高水平生态系统服务的生物群落通常包含更多物种，而多样化的生物群落对生态系统稳定性、生产力以及养分供给具有促进作用。

人工控制生物多样性实验已经验证了生物多样性对生态系统功能的正效应（Byard，1996）。由于人工混交试验主要由一个或两个经济上比较重要的物种组成，绝大多数实验设计缺少中、高水平的多样性处理。因此，自然生态系统中生物多样性与生态系统功能之间是否存在因果关系还存在争议。

2.2.1.3 生态位原理

生态位理论是生态学中最重要的基础理论之一。1910年美国学者Johson最早使用生态位一词。1917年Grinnell最早定义了生态位的概念，强调了生态位的空间范畴，认为它是指恰好被一个亚种或一个种占据的最后分布单位；1927年Elton则强调了物种在群落中的功能状况，属于功能生态位范畴；1957年Hutchinson提出了超体积生态位，包括了生物的空间位置及其在生物群落中功能地位。1975年Whittake认为，生态位是指每个物种在群落中的时间和空间位置及其机能关系，或者说群落内一个物种与其他物种的相对位置；既考虑了生态位的时空结构和功能关联，也包含了生态位的相对性。

1932年，苏联学者G. F. Gause提出了竞争排斥法则，认为具有相似资源需求，即占有相同生态位的物种无法共存。竞争排斥现象在森林中普遍存在，如果两个物种占据了相同的生态位，种间竞争就决定了它们的存活和发育过程；森林的自然稀疏现象便是生态位互相排斥的结果。在森林经营过程中应充分考虑物种的生态位，避免不同物种之间产生激烈的竞争，使各种群均能最大地利用环境资源，提高森林的初级生产力。

2.2.1.4 边缘效应原理

Beecher(1942)在研究群落边缘长度和鸟类种群密度关系时，发现群落交错区里鸟类数量比相邻群落内的数量要多，而且群落结构更加复杂，出现了不同生境的种类共生现象，种群密度较大，某些物种特别活跃，生产力也相应较高，并将这种种群数目和密度增大的趋势定义为边缘效应。王如松和马世骏(1985)将边缘效应定义从单纯地域性概念拓展为：在两个或多个不同性质的生态系统(或其他系统)交互作用处，由于某些生态因子(可能是物质、能量、信息、时机或地域)或系统属性的差异和协合作用而引起系统某些组分及行为(如种群密度、生产力、多样性等)的较大变化。

边缘效应是自然生态系统中一种非常普遍的现象。例如，边缘效应能够显著提高林缘附生地衣群落的物种多样性和生物量(李苏等，2018)；闽粤栲天然林林隙边缘区具有增大物种多样性、降低生态优势度的作用，总体表现为边缘效应的正效应(蔡杨新等，2017)；长苞铁杉纯林和长苞铁杉—阔叶树混交林的林窗均具有明显的边缘效应，并且混交林林窗的边缘效应一定程度上高于纯林(李苏闽等，2015)。天然次生林多为组成结构简单、生产力低下的林分，若无外界干扰，经过种间与种内强烈竞争，最后将恢复为顶极群落。然而，自然恢复过程是极其漫长的，且经济效益低下，故需对次生林组成结构进行人工干扰，运用边缘效应原理，在次生林内进行狭带状或斑块状采伐，有利于次生林结构的调整和功能的改善，从而达到速生、优质、高产的目的(段爱国和张建国，2012)。

2.2.2 林学相关基础理论

林学(forestry)是研究森林的形成、发展、管理以及资源再生和保护利用的理论与技术的科学，属于自然科学范畴。林学是一门研究如何认识森林、培育森林、经营森林、保护森林和合理利用森林的学科，它是在其他自然学科发展的基础上，形成和发展起来的综合性应用学科。林学的主要研究对象是森林，它包括自然界保存的未经人类活动显著影响的原始天然林，原始林经采伐或破坏后自然恢复起来的天然次生林，以及人工林。森林既是木材和其他林产品的生产基地，又是调节、改造自然环境从而使人类得以生存繁衍的天然屏障，与工农业生产和人民生活息息相关，是一项非常宝贵的自然资源。林学是一门与浩繁的生物界及多变的环境密切相关的学科，要掌握这门学科必须要深刻理解其基本原理，具备必要的基本知识，并善于灵活地运用这些基本原理和知识，结合具体地区自然资源以及社会经济发展条件和特点，进行全面的周密的分析和综合，得出适当的可持续的可操作的结论以解决林业生产中的问题。

2.2.2.1 森林可持续经营

联合国粮食及农业组织（FAO）对森林可持续经营的定义：一种包括行政、经济、法律、社会、技术以及科技等手段的行为，涉及天然林和人工林。它是有计划的各种人为干预措施，目的是保护和维持森林生态系统各种功能。与此同时，通过发展具有社会、环境和经济价值的物种，来长期满足人类日益增长的物质和环境的需要（联合国粮食及农业组织，1997）。森林可持续经营是森林经营的基本准则，通过森林可持续经营实现调控森林目的产品的收获和持续利用，并且维持和提高森林的各种供给、调节、文化和支持功能。

森林可持续经营要求以一定的方式和强度管理、利用森林和林地，有效维持其生物多样性、生产力、更新能力和活力，确保在现在和将来都能在全球、国家、区域、森林经营主体和林分等不同层次上发挥森林的生态、经济和社会综合效益，同时对其他生态系统不造成危害。森林可持续经营强调林业必须服从和服务于国家经济社会可持续发展目标，不断满足经济社会发展和人民生活水平提高对森林物质产品和生态服务功能的需要，不仅强调森林的木材生产功能，更要注重森林生态系统的完整性和整体功能的维持和提高，不仅要强化森林经营各环节的有效监管，而且要完善森林经营支撑体系，更要协调均衡相关利益群体的关系，切实维护森林生产力持续提高，确保森林综合效益持续发挥。

2.2.2.2 森林多功能经营

联合国《千年生态系统评估报告》认为森林生态系统功能可以分为供给、调节、文化和支持4大类。理论上，每一片森林都是多功能的，但从人类利用的角度，森林的多个功能的重要性是不同的，即存在一个或多个主导功能，但这些功能之间关系非常复杂，是一种对立统一的关系。在经营时要尽量使森林的多种功能得到全面的发挥，就要开展多功能经营。森林多功能经营就是在充分发挥森林主导功能的前提下，通过科学规划和合理经营，充分发挥森林主导功能，同时发挥森林的其他功能，使森林的整体效益得到优化，其对象主要是"多功能森林"，经营的目标是培育异龄、混交、复层的多功能森林（张会儒，2018）。

目前，国外关于森林多功能经营的研究主要是近自然经营（陆元昌等，2010）、生态系统经营和模式林(Besseau,2002)。国内有代表性的研究理论和技术体系主要有生态采伐更新(张会儒等,2008)、结构化经营(惠刚盈等,2018)以及近自然经营(陆元昌,2006),这些理论研究及技术体系促进了森林多功能研究的发展。每年都有大量关于森林多功能经营的文章发表,在理论和实践上都取得了一定进展,具体研究主要集中在多功能经营的定义及原理(陈云芳等,2012)、发展阶段与模式(周树林等,2012)、时空尺度划分(王俊峰,2013)、多目标规划(吴钢等,2015)、监测评价(邓成等,2016)以及经营保障政策体系(白冬艳,2013)等方面。例如,王俊峰(2013)在空间尺度和时间尺度上对森林的7种功能进行了划分,为开展多功能森林经营提供了理论依据;白冬艳(2013)通过对多功能森林经营的综合效益评价优化来规划调控目标,从而提出了多功能森林经营所适合的林业税费及政策补贴方案;邓成等(2016)以中国林业科学研究院热带林业实验中心为研究对象,建立了森林经营主体级别的多功能监测体系,并对森林的经济、生态和社会功能进行了评价;魏晓慧等(2013)利用主成分分析法,选取林分指标并构建功能模型对森林多功能经营的状况进行了评价,定量反映了森林生长以及多功能经营的效益情况;吴钢等(2015)以长白山区露水河林业局为研究对象,从群落生境分析入手,结合发展类型设计以及林分业设计等方面设计了森林多目标经营的规划设计体系。

2.2.2.3 森林分类经营

我国的分类经营研究始于20世纪90年代,如1992年,雍文涛主编的《林业分工论》提出了3类划分的森林分类经营思路。很多学者对分类经营的概念及内涵、理论基础、作用及意义、分类依据、原则以及技术标准等进行了研究(谢守鑫,2005)。1999年,基于前期研究,我国开始实行林业分类经营,但并未采用雍文涛、侯元兆等提出的3类划分的森林分类经营思路,而是在原来的5大林种的基础上归类为公益林和商品林的两类划分。基于此分类体系,很多学者开展了分类经营的分类区划、管理问题、对策及改革方案(洪军等,2002)。但随着时间的推移,这种分类体系的弊病也越来越暴露出来,主要的原因是此分类体系表面看起来是根据森林的主导功能分类的,而背后实际是根据林业资金管理方式分类的,所以实际上是林业分类管理而非分类经营,并不能满足森林经营的需要。

近年来,一些专家学者以及基层林业工作者一直在呼吁对两类划分的森林分类体系进行改进。2008年以来,随着森林经营成为林业"永恒主题"的提出,3类划分的分类经营再次被提了出来,得到了许多专家的响应。2016年,这一思路终于被采用,体现在了《全国森林经营规划(2016—2050年)》中。此规划将森林划分成严格保育的公益林、多功能经营的兼用林和集约经营的商品林3类,并对这3种类型的森林采取有区别的经营策略。

2.2.2.4 适地适树理论

为了科学培育森林，充分利用林地，发挥林地的潜在功能，不断提高森林的生态效益和社会效益，必须坚持因地制宜、适地适树原则，坚持人工封造与天然更新相结合原则，坚持优先采用新技术和规模适度原则。造林树种选择应依据广东省林业特点，遵循林种树种结构调整可持续发展原则，生物多样性原则，森林分类经营原则，因地制宜、适地适树原则四个原则和针叶林与阔叶林相结合、用材林与经济林相结合、用材树种与生态树种相结合、速生树种与非速生树种相结合、普通树种与珍贵树种相结合、外引树种与乡土树种相结合六个结合。同时，在森林经营过程中，还要考虑主导生态因子作用，主导因子是指对生物的生存和发展起限制作用的生态因子，又称限制因子。自然界中生物体同时受诸多生态因子影响，每一因子并不是孤立地对生物体起作用，而是多因子共同起作用，在特定生态关系中，某个因子可能起的作用最大，此时，生物体的生存和发展主要受该因子的影响，这就是限制因子。曹建军(1990)认为科学准确地确定影响树种生产力的主导生态因子，不仅是进行树种区划、造林规划和造林设计的重要基础，而且对于评价树种生态条件优劣，有针对性地制定森林经营措施、提高林木生产力具有重要指导作用。

2.2.3 经济学相关基础理论

林业经济学是研究林业部门生产，以及与此相联系的分配、交换、消费等经济活动和经济关系发展运动的规律及其应用的学科。林业经济学是一门应用经济科学，与林业技术科学共同构成林业科学体系。林业经济学是由经济学基本概念、范畴与范畴体系组成的理论体系，林业经济理论来源于林业生产实践，同时又指导着林业生产的实践。林业经济理论必须就如何管理和利用森林做出决策，同时还须考虑林业经济活动所处的宏观和微观环境。邱俊齐教授(1982)认为，林业经济学研究的主要内容包括：①对森林资源的认识；②对林业生产特点的认识；③对要素配置特点的认识；④对各种经营模式的认识；⑤对林产品市场的规律性识别；⑥政府对林业的宏观管理行为的认识等。由此可见，森林经营体系构建需要从林业经济学角度认识森林资源和森林经营模式。

2.2.3.1 森林多效益理论

德国学者哈根和恩特雷斯等学者提出的"森林多效益永续经营理论"，从理论的影响力来看，哈根(Hargen)和恩特雷斯(Endres)的森林多效益永续经营理论(也称森林多效益理论，或森林多效益永续理论，或森林多效益永续利用理论)最为显著。1867年，奥托·冯·哈根提出："经营国有林不能逃避公众利益应尽的义务，而且必须兼顾持久地满足对木材和其他林产品的需要和森林在其他方面的服务目标。"他还认为：国有林应作为全民族的财产，不仅为当代人提供尽可能多的成果，以满足人们对林产品和森林防护效益的需求，同时保证将来也能提供至少是相同甚至更多的成果。这就是森林多效益永续理论的早期思想。1905年，恩特雷斯认为森林生产不仅仅是经济效益，"对于森林的福利效益可理解为森林对气候、水和土壤，对防止自然灾害以及在卫生、伦理等方面对人类健康所施加的影响"。蒂特利希（Dieterich，1948）也对森林多种效益的永续经营与木材永续经营的差别作出了进一步的阐述：多种效益的永续不仅是木材、货币收入、盈利，还应有林副产品的利用，并涉及森林的各种效益。柯斯特勒尔（Kostler，1955，1967）在谈到永续利用的条件时指出，"永续性只有在生物健康的森林里才能得到保证，因此必须进行森林生物群落的核查"。泼洛赫曼（Plocann，1982）也指出，"永续性的出发点不应该再是所生产的多种多样的物质、产量、效益的持续性、稳定性和平衡性，而应该是保持发挥效益的森林系统"。这些思想已将森林永续利用与森林生态系统的稳定和健康紧密联系在一起。

2.2.3.2 公共池塘资源治理理论

公共池塘资源理论是美国著名行政学家、政治经济学家埃莉诺·奥斯特罗姆针对"公共事物的治理这个世界性难题"提出的理论模式。她认为，人类虽然存在许多的公地悲剧，但"极少有制度不是私有的就是公共的——或者不是'市场的'就是'国家的'。许多成功的公共池塘资源制度，冲破了僵化的分类，成为'有私有特征'的制度和'有公有特征'的制度的各种混合，这些制度能成功地'存在着搭便车和逃避责任的诱惑的环境中'，能使人们取得富有成效的结果。"她通过一系列的调查和研究，把这种制度模式抽象为公共池塘资源理论。公共池塘资源理论是基于"如何以对人类处理与公地悲剧部分相关或完全相关的各种情形中表现出来的能力和局限的实际评估为基础，去发展人类组织的理论"。

在该理论模型中，公共池塘资源是可再生的而非不可再生的资源；这种资源同时又是相当稀缺的，而不是充足的；且资源使用者能够相互伤害，但参与者不可能从外部来伤害其他人。当多种类型的占用者依赖于某一公共池塘资源进行经济活动时，所做的每一件事几乎都会对他们产生共同的影响，每一个人在评价个人选择时，必须考虑其他人的选择。在处理与产生稀缺资源单位的公共池塘资源的关系时，如果占用者独立行动，他获得的净收益总和通常会低于他们以某种方式协调他们的策略所获得的收益，独立决策进行的资源占用活动甚至可能摧毁公共池塘资源本身。因此，"在最一般的层次上，公共池塘资源占用者所面临的问题是一个组织问题：如何把占用者独立行动的情形改变为占用者采用协调策略以获得较高收益或减少共同损失的情形"，即要通过资源占用者的自组织行为来解决公共池塘资源问题，而非令人悲观的"利维坦"方案或彻底的私有化。

而如何实现公共池塘资源占用者有效的、成功的自觉组织行动，公共池塘资源理论认为需要解决三大问题,即"新制度的供给问题""可信承诺问题"和"相互监督问题"。制度可以扩大理性人的福利,这个制度能使人们不再单独行动,而是为达到一个均衡的结局协调他们的活动。"制度可以界定为工作规则的组合,它通常用来决定谁有资格在某个领域制定决策,应该允许或限制何种行动,应该使用何种综合规则,遵循何种程序,必须提供或不提供何种信息,以及如何根据个人的行动给予回报"。而要保证这些制度和规则得到长期有效的遵守,就必须解决后两个问题,即"可信承诺问题"和"相互监督问题"。外部强制常常被用来作为解决承诺问题的方案,但问题是一个自主组织群体必须在没有外部强制的情况下解决承诺问题,所以就必须存在着相互监督。没有监督,不可能有可信承诺,没有可信承诺,就没有提出新规则的理由。森林是一种具有强烈公共属性的资源系统,因此在构建森林经营体系时,有必要借鉴和参考经济学中的公共池塘资源理论。

2.2.3.3 机制设计理论

森林经营体系构建中会涉及大量的政策、制度和法规的制定与设计,而这些问题在很大程度上就是机制设计问题,因此在进行森林经营构建中,也需要借鉴和吸收机制设计理论作为其理论基础之一。

机制设计理论是研究在自由选择、自愿交换、信息不完全及决策分散化的条件下,能否设计一套机制(规则或制度)来达到既定目标的理论。这一理论起源于赫维茨1960年和1972年的开创性工作,它所讨论的一般问题是,对于任意给定的一个经济或社会目标,在自由选择、自愿交换、信息不完全等分散化决策条件下,能否设计以及怎样设计出一个经济机制,使经济活动参与者的个人利益和设计者既定的目标一致。从研究路径和方法来看,与传统经济学在研究方法把市场机制作为已知,研究它能导致什么样的配置有所不同,机制设计理论把社会目标作为已知,试图寻找实现既定社会目标的经济机制。即通过设计博弈的具体形式,在满足参与者各自条件约束的情况下,使参与者在自利行为下选择的策略的相互作用能够让配置结果与预期目标相一致。

机制设计通常会涉及信息效率和激励相容两个方面的问题。信息效率(informational efficiency)是关于经济机制实现既定社会目标所要求的信息量多少的问题,即机制运行的成本问题,它要求所设计的机制只需要较少的关于消费者、生产者以及其他经济活动参与者的信息和较低的信息成本。任何一个经济机制的设计和执行都需要信息传递,而信息传递是需要花费成本的,因此对于制度设计者来说,自然是信息空间的维数越小越好。激励相容(incentive compatibility)是赫维茨1972年提出的一个核心概念,他将其定义为,如果在给定机制下,如实报告自己的私人信息是参与者的占优策略均衡,那么这个机制就是激励相容的。在这种情况下,即便每个参与者按照自利原则制定个人目标,机制实施的客观效果也能达到设计者所要实现的目标。

2.2.4 系统科学相关基础理论

系统科学是以系统为研究对象的基础理论及其应用技术和方法组成的学科群，系统科学着重研究各类系统的关系和属性，揭示其运动规律，探讨有关系统的各种理论和方法。系统科学理论体系中的系统思维模式和定量优化方法在森林经营体系构建中具有重要指导意义。系统科学理论包括系统论、控制论、信息论、耗散结构理论等。

2.2.4.1 系统论

1937年，奥地利理论生物学家L. V. 贝塔朗菲（L. Von. Bertalanffy）提出一般系统论（system theory）；1945年发表《关于一般系统论》的文章，一般系统论从有关生物和人体系统的问题出发研究复杂系统一般规律的学科。基本观点：①整体性：生物体是在有限的时空中具有复杂结构的一种自然整体，从中分割出来的某一部分截然不同于在生物体中发挥作用的那一部分，生物体的各个部分是不能离开整体而独立存在的。②开放性：生命的本质不仅要从生物体各个组成部分的相互作用去认识，而且要从生物体和环境的相互作用中去说明。③动态相关性（动态性取决于相关性）：生物体与其说是存在的，不如说是发生和发展的。生物体是个能动系统，具有自身目的性和自动调节性，生物体的各个组成部分、各个部分与整体之间、整体与环境之间是相关的。相关性决定了动态性。④等级层次性：生命问题本质上是个组织问题，而生物体组织是有序的，生命现象在生物体组织各个层次上，如基因、细胞、器官、个体、群落等。

系统论的核心思想是系统的整体观念，即系统思想。系统思想的核心问题是如何根据系统的本质属性使系统最优化。任何系统都是一个有机的整体，它不是各个部分的机械组合或简单相加，系统的整体功能是各要素在孤立状态下所没有的性质。系统中各要素不是孤立存在着，每个要素在系统中都处于一定的位置上，起着特定的作用。要素之间相互关联，构成了一个不可分割的整体。要素是整体中的要素，如果将要素从系统整体中割离出来，它将失去要素的作用。森林经营体系构建必须要从系统整体出发，研究森林经营体系构建要素及各要素之间的相互关系、要素与系统整体的关系以及系统整体与环境的关系，从本质上说明森林经营体系的结构、功能和动态发展。在林业发展区划指导下，森林经营规划、森林经营方案、森林作业设计与森林经营成效评价之间相互联系作用，构成一个完整的森林经营体系整体，形成以森林经营体系构建推动森林质量精准提升，为实现碳达峰碳中和作出森林经营新的贡献。

需要用一个指标体系来描述系统的目标。如森林经营体系就是为了实现森林生态系统的高质高效多功能目的应采取的更新造林、中幼林抚育、森林结构收获调整、林业有害生物保护等森林经营技术活动实践及其监测修正反馈机制，不同于森林经营规划系统、森林经营决策系统等，森林经营体系系统的目的通过更具体的多目标来体现。为此，要从整体出发，力求获得全局最优的森林经营效果。

2.2.4.2 控制论

1948年，美国数学家诺伯特·维纳（N. Wiener）提出控制论（cybernetics），并出版了《控制论：或关于在动物和机器中控制和通信的科学》一书以来，控制论的思想和方法已经渗透到了几乎有的自然科学和社会科学领域，诺伯特·维纳把控制论看作是一门研究机器、生命社会中控制和通信的一般规律的科学，更具体地说是研究动态系统在变化的环境条件下如何保持平衡状态或稳定状态的科学。在控制论中，"控制"的定义是为了"改善"某个或某些受控对象的功能或发展，需要获得并使用信息，以这种信息为基础而选出的，加在该对象上的作用，就叫作控制。由此可见，控制的基础是信息，一切信息传递都是为了控制，而任何控制又都依赖于信息反馈来实现。信息反馈是控制论的一个极其重要的概念。通俗地说，信息反馈是指由控制系统把信息输送出去，又把其作用结果返送回来，并对信息的再输出发生影响，起到制约作用，以达到预定的目的。控制论是研究系统的状态、功能、行为方式及变动趋势；控制系统的稳定，揭示不同系统的共同的控制规律，使系统按预定目标运行的技术科学。控制论通过信息和反馈建立了工程技术与生命科学和社会科学之间的联系。这种跨学科性质，不仅可使一个科学领域中已经发展得比较成熟的概念和方法直接用于另一个科学领域，避免不必要的重复研究，而且提供了采用类比的方法特别是功能类比的方法产生新设计思想和新控制方法的可能性。生物控制论与工程控制论、经济控制论和社会控制论之间就存在着类比的关系。自适应、自学习、自组织等系统通过与生物系统的类比研究可提供解决某些实际问题的途径。

控制论的核心问题是从一般意义上研究信息提取、信息传播、信息处理、信息存储和信息利用等问题。控制论与信息论的基本区别就是控制论用抽象的方式揭示包括生命系统、工程系统、经济系统和社会系统等在内的一切控制系统的信息传输和信息处理的特性和规律，研究用不同的控制方式达到不同控制目的可能性和途径。控制论强调通过系统信息反馈机制实现自适应、自学习、自组织等控制手段实现系统控制最优化之目的。从控制系统的主要特征出发来考察森林经营体系，可以得出这样的结论：森林经营体系是一种典型的控制系统，通过森林经营规划、森林经营方案、森林作业设计、森林经营成效评价等森林经营要素，确定森林经营目标、安排森林经营任务、提出森林经营技术措施、评价森林经营成效、修正森林经营目标及其偏差，通过既相互联系又各自独立的信息流动和信息反馈机制来揭示森林经营成效与预期目标之间的差距，并采取相适宜的控制技术措施，使森林经营体系稳定在预定的目标状态，最终实现森林经营最优化之目的。

2.2.4.3 信息论

1948年，美国数学家克劳德·艾尔伍德·香农（Claude Elwood Shannon）创立信息论(information theory),信息论是一门用概率论和数理统计方法来研究信息的度量、传递和变换规律的科学,主要是研究通信和控制系统中普遍存在着信息传递的共同规律以及研究最佳解决信息的获限、度量、变换、储存和传递等问题的基础理论。信息就是指消息中所包含的新内容与新知识,是用来减少和消除人们对于事物认识的不确定性,信息是一切系统保持一定结构、实现其功能的基础。信息论分为狭义信息论和广义信息论。狭义信息论是一门应用概率论和数理统计方法来研究信息处理和信息传递的科学。研究在通信和控制系统中普遍存在着的信息传递的共同规律以及如何提高各信息传输系统的有效性和可靠性的一门通信理论。广义信息论被理解为使用狭义信息论的观点来研究所有与信息有关领域的一切信息问题的理论。信息论认为系统正是通过获取、传递、加工与处理信息而实现其有目的的运动的。信息熵是信息论中用于度量信息量的一个概念,有 n 个信息源,往往不是考虑某一单个信息源发生的不确定性,而是要考虑所有信息源可能发生情况的平均不确定性,若信息源有 n 种取值,分别为 $U_1, \cdots, U_i, \cdots, U_n$,对应概率为 $P_1, \cdots, P_i, \cdots, P_n$,且各种符号的出现彼此独立。这时,信息源的平均不确定性应当为单个符号不确定性的统计平均值可称为信息熵,即 $H = -\sum P_i \log P_i$,一个系统越是有序,信息熵就越低;反之,一个系统越是混乱,信息熵就越高。信息熵是系统有序化程度的一个度量。

森林经营体系对信息的基本要求是信息要准确、及时、适用和经济。准确是信息的生命,也是决策的生命,没有准确的信息,就不会有准确而科学的决策,为此,要准确收集和运用信息,同时要防止信息在传递和加工中的失真。及时体现出信息的时效性,信息越及时、越新颖,对决策越有利。适用一方面是强调信息要有用,正如西蒙所说"在当前'信息爆炸'的时代,重要的不是获得信息,而在于对信息进行加工和分析,使之对决策有用"。另一方面强调信息要适量,信息过少,则会造成信息不足、依据不充分,信息过量,则会造成一定的干扰,并且造成人力、物力、财力的浪费,增加决策成本,降低决策效率。经济就是要讲究获取信息的成本,尽量用较小的成本获取较多较好的有用信息。因此,森林经营体系构成要素之间设计得越合理,衔接得越默契,实施过程中就会运行越高效和操作越有序,那么这个体系的信息熵就越低,森林经营体系追求的也正是这种效果。在森林经营体系运营中,为了降低这种信息熵值,就必须对森林经营体系构成要素、森林经营规划、森林经营方案、森林作业设计与森林经营成效评价等进行细致的区分和有机的衔接,对各构成要素信息熵做比较好的控制,促使各构成要素之间信息的处理和信息的交换做最简单、最直接的处理,并且按流程操作,追求信息共享,减少构成要素之间信息的混乱度和运行时间的浪费,消除森林经营体系为森林经营决策提供服务的不确定性,提高森林经营体系在森林经营决策管理中的作用。

2.2.4.4 耗散结构理论

1969年,比利时统计物理学家普利高津(Ikya Prigogine)提出了耗散结构理论(dissipative structure theory),耗散结构理论是研究远离平衡态的开放系统从无序到有序的演化规律的一种理论。耗散结构的概念是相对于平衡结构的概念提出来的,耗散结构提出一个远离平衡态的开放系统,在外界条件发生变化达到某一特定阈值时,量变可能引起质变,系统通过不断地与外界交换能量与物质,就可能从原来的无序状态转变为一种时间、空间或功能的有序状态,这种远离平衡态的、稳定的、有序的结构称之为"耗散结构"。耗散结构是在远离平衡区的非线性系统中所产生的一种稳定化的自组织结构,在一个非平衡系统内有许多变化着的因素相互联系、相互制约,并决定着系统的可能状态和可能的演变方向。普利高津认为自组织现象是普遍存在的,激光是一个自组织的系统,光粒子能够自发地把自己串在一起,形成一道光束,这道光束的所有光子能够前后紧接,步调一致地移动。自组织系统的机理是对称性破缺,这种对称性破缺的序都不包含在外部环境中,而根源于系统内部,外部环境只是提供触发系统产生这种序的条件,所有这种序或组织都是自发形成的。一个典型的耗散结构的形成与维持至少需要具备三个基本条件:一是系统必须是开放系统,孤立系统和封闭系统都不可能产生耗散结构;二是系统必须处于远离平衡的非线性区,在平衡区或近平衡区都不可能从一种有序走向另一种更为高级的有序;三是系统中必须有某些非线性动力学过程,如正负反馈机制等,正是这种非线性相互作用使得系统内各要素之间产生协同动作和相干效应,从而使得系统从杂乱无章变为井然有序。

森林生态系统是个开放的复杂的生态社会经济复合系统,处于远离平衡的非线性区,是一个处于非平衡态的自组织系统,同时具有非线性的动力学过程。因此,生态系统是一个具有耗散结构功能的系统。耗散结构理论的核心问题就是研究系统熵值如何变化。熵是系统有序度量的量度。系统越有序,熵值越小;反之,系统越无序,熵值越大。熵的本质内涵是变化,越是熵小的体系,其有序度越高。反之,其混乱度就越高。如森林经营过程中负熵的产生必须借助于适当的森林经营管理制度与强有力的保障制度执行体系。

2.3 体系框架

综合考虑广东森林经营的资源禀赋、国家定位和技术特点,以现代森林经营体系理论为指导,以国家、省、县三级林业主管部门和相关森林经营主体为核心,通过森林经营规划制度、森林经营方案编制与执行制度,以及森林经营成效监测与评估制度等,构建起一个科学、系统、合理、可行、易操作的广东森林经营体系,如图2-1。

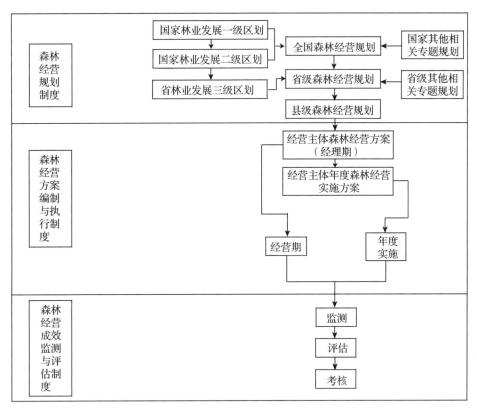

图 2-1 森林经营体系框架

2.3.1 森林经营规划制度

森林经营规划制度是森林经营体系的核心组成部分之一,这一制度的设计与建立,既是新修订《中华人民共和国森林法》和国家相关政策文件的客观要求,也是现代森林经营技术和理念的实践需要。

在森林经营规划制度设计与建立的基础准备方面,首先,新修订《中华人民共和国森林法》的第二十六条,为森林经营规划制度的建立提供了法律依据,即"县级以上人民政府林业主管部门可以结合本地实际,编制林地保护利用、造林绿化、森林经营、天然林保护等相关专项规划"。其次,国家林业和草原局 2019 年印发的《国家林业和草原局关于全面加强森林经营工作的意见》为森林经营规划制度的建立提供了政策依据,国家林业和草原局在该文件强调,森林经营规划是以行政区域为规划范围,为落实林业发展战略和指导森林经营主体编制森林经营方案而制定的宏观指导性文件,是森林经营体系的重要组成部分;各地林业和草原主管部门要以省级森林经营规划为指导,积极开展县级森林经营规划编制工作。最后,国家林业局 2016 年印发《全国森林经营规划(2016—2050 年)》,为森林经营规划编制与执行的建立提供了技术依据。《全国森林经营规划(2016—2050年)》针对我国森林经营理论和技术滞后的突出问题,吸纳借鉴国际先进森林经营理念和技术,结合我国森林分类管理和森林经营生产实践,确立了多功能森林经营理论为指导的经营思想,树立了全周期森林经营理念,明确了培育健康稳定、优质高效森林生态系统的核心目标,是相对于传统经营方式的重大变革。

在具体制度设计和建立中,森林经营规划制度主要是由全国森林经营规划、省级森林经营规划、县级森林经营规划三个核心要素组成,其制度运行逻辑如图2-2。

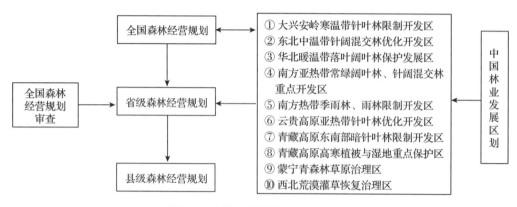

图2-2 森林经营规划制度运行逻辑

具体而言,首先全国森林经营规划是指导全国森林经营工作的纲领性文件,提出了符合中国林情的多功能森林经营技术体系,并给各地结合实践创新开展森林经营保留了空间,各地方要在全国森林经营规划指导下,编制省级和县级森林经营规划。其次,各地依据《中国林业发展区划》确定的分区发展方向确定分区森林经营策略,即大兴安岭寒温带针叶林限制开发区,东北中温带针阔混交林优化开发区,华北暖温带落叶阔叶林保护发展区,南方亚热带常绿阔叶林、针阔混交林重点开发区,南方热带季雨林、雨林限制开发区,云贵高原亚热带针叶林优化开发区,青藏高原东南部暗针叶林限制开发区,青藏高原高寒植被与湿地重点保护区,蒙宁青森林草原治理区,西北荒漠灌草恢复治理区,通过编制和执行省级、县级森林经营规划,将造林和更新造林、森林抚育、退化林修复等各项经营任务层层分解落实到地区和单位,落实到具体的年度计划,采取有力措施,确保完成规划任务,实现规划目标。最后,各级林业主管部门需要进一步建立和完善与多功能森林经营理念相适应的检查、评价、考核制度,强化对森林经营规划实施进展情况和执行效果的跟踪分析;要制定森林经营规划实施效果评价考核办法,针对森林质量提升目标指标提出具体的评价考核标准。

2.3.2 森林经营方案编制与执行制度

森林经营方案是森林经营主体为了科学、合理、有序地经营森林,充分发挥森林的生态、经济和社会效益,根据森林资源状况和社会、经济、自然条件,编制森林培育、保护和利用的中长期计划，以及各项森林经营活动和森林经营利用措施的生产顺序和空间分配。森林经营方案是森林经营主体经营森林和林业管理部门管理森林的重要依据，编制和实施森林经营方案是《中华人民共和国森林法》和《中华人民共和国森林法实施条例》规定的一项法定性工作。

《中华人民共和国森林法》第五十三条："国有林业企业事业单位应当编制森林经营方案，明确森林培育和管护的经营措施，报县级以上人民政府林业主管部门批准后实施"；第七十二条："违反本法规定，国有林业企业事业单位未履行保护培育森林资源义务、未编制森林经营方案或者未按照批准的森林经营方案开展森林经营活动的，由县级以上人民政府林业主管部门责令限期改正，对直接负责的主管人员和其他直接责任人员依法给予处分"。国家林业和草原局印发修订后的《国有林场管理办法》第二十四条："实行以森林经营方案为核心的国有林场森林经营管理制度，建立健全以森林经营方案为基础的内部决策管理和外部支持保障机制。"

森林经营方案编制与执行制度的运行逻辑方面：

首先，森林经营方案编制与实施要以习近平生态文明思想为指导，以森林可持续经营理论为依据，以培育健康、稳定、优质、高效的森林生态系统为目标，通过严格保护、积极发展、科学经营、持续利用森林资源，提高森林资源质量，增强森林生产力和森林生态系统的整体功能，实现林业的可持续发展。

其次，森林经营方案编制与执行制度的主体包括一类编案单位、二类编案单位、三类编案单位，其中一类编制单位(国有林森林经营主体)应依据有关规定组织编制森林经营方案；二类编案单位(达到一定规模的集体林组织、非公有制森林经营主体)可在当地林业主管部门指导下组织编制简明森林经营方案；三类编案单位(其他集体林组织或非公有制森林经营主体，以县为编案单位)由县级林业主管部门组织编制规划性质森林经营方案。森林经营方案内容一般包括森林资源与经营评价、森林经营方针与经营目标、森林功能区划、森林分类与经营类型、森林经营、非木质资源经营、森林健康与保护、森林经营基础设施建设与维护、投资估算与效益分析、森林经营的生态与社会影响评估、方案实施的保障措施等主要内容。

最后，森林经营方案编制与执行制度的主要程序包括：①规划准备工作，包括组织准备，基础资料收集及规划相关调查，确定技术经济指标，编写工作方案和技术方案；②系统评价，对上一经营期森林经营方案执行情况进行总结，对本经营期的经营环境、森林资源现状、经营需求趋势和经营管理要求等方面进行系统分析，明确经营目标、编案深度与广度及重点内容，以及森林经营方案需要解决的主要问题；③规划决策，在系统分析的基础上，分不同侧重点提出若干备选方案，对每个备选方案进行投入产出分析、生态与社会影响评估，选出最佳方案；④公众参与，广泛征求管理部门、森林经营主体和其他利益相关者的意见，以适当调整后的最佳方案作为规划设计的依据；⑤规划设计，在最佳方案控制下，进行各项森林经营规划设计，编写方案文本；⑥评审修改，按照森林经营方案管理的相关要求进行成果送审，并根据评审意见进行修改、定稿，如图2-3。

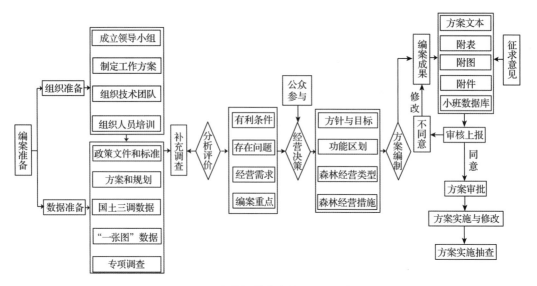

图2-3 森林经营方案编制运行逻辑

2.3.3 森林经营成效监测与评估制度

森林经营成效监测与评估制度是森林经营体系的核心组成部分之一。

新《中华人民共和国森林法》和国家林业和草原局印发的《关于全面加强森林经营工作的意见》为森林经营成效监测与评估制度的设计与运行提供了政策依据。新《中华人民共和国森林法》第二十七条：国家建立森林资源调查监测制度，对全国森林资源现状及变化情况进行调查、监测与评价，并定期公布。同时，国家林业和草原局2019年印发的《关于全面加强森林经营工作的意见》明确提出：2020年年底前，各级林业和草原主管部门要制定森林经营工作管理、评价、考核和奖惩等办法，明确评价考核的主体、对象、方法和程序。要将森林经营成效评价与深化落实各级政府保护发展森林资源目标责任制紧密结合，将森林质量提升作为重要考核指标。

森林经营成效监测与评估制度主要由监测体系、评估考核体系和执法监督机制3部分组成，其内在运行逻辑，如图2-4。

(1) 森林经营成效监测体系

制定相关技术标准，建立各类各级林业主管部门、森林经营主体的森林经营成效监测网络体系，充分发挥地面生态系统、环境、气象、水文水资源、水土保持、海洋等监测站点和卫星遥感的作用，开展森林经营成效监测工作。依托生态环境监管平台

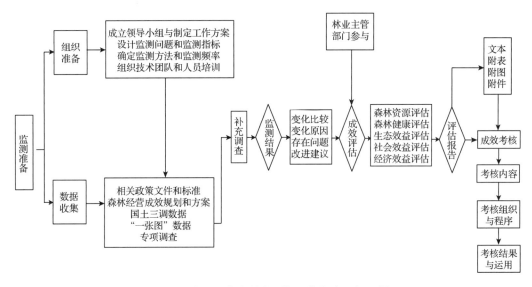

图 2-4 森林经营成效监测与评估制度运行逻辑

和大数据，运用云计算、物联网等信息化手段，加强森林经营监测数据集成分析和综合应用，全面掌握各地森林生态系统构成、分布与动态变化，及时评估和预警生态风险，并定期统一发布各地方、各类型森林经营主体的森林经营状况监测评估报告。

（2）森林经营成效评估考核体系

组织对各地方林业主管部门、各类型森林经营主体的森林经营管理工作进行科学评估，及时掌握各类森林经营主体森林经营工作的管理和经营成效情况，发布评估结果。适时引入第三方评估制度。对国有林场等各类国有林业企事业单位的森林经营成效进行评价考核，根据实际情况，适时将评价考核结果纳入生态文明建设目标评价考核体系，作为党政领导班子和领导干部综合评价及责任追究、离任审计的重要参考。

（3）森林经营成效监督考核机制

制定森林经营成效监督考核办法，建立包括相关部门在内的统一考核机制，在国有林范围内实行森林经营成效综合考核，强化监督检查，定期开展森林经营成效监督检查专项行动，及时发现涉及包括国有林场在内的各类型森林经营主体的森林经营违法违规问题。对违反相关法律法规等规定，造成森林生态系统和资源环境受到损害的部门、地方、单位和有关责任人员，按照有关法律法规严肃追究责任，涉嫌犯罪的移送司法机关处理。建立督查机制，对森林经营工作不力的责任人和责任单位进行问责，强化地方政府和管理机构的主体责任。

第 3 章

广东森林经营规划

森林经营贯穿于森林整个生命周期，森林生长长周期性、森林类型多样性以及未来环境不确定性，导致实施森林经营技术措施的复杂性。因此，开展各项森林经营活动都必须进行系统科学的森林经营规划。森林经营规划是指导区域开展森林可持续经营的一个中长期战略规划，可对一个行政区域在一定时期内的森林经营目标、任务、布局等进行统筹安排和宏观指导。

3.1 森林经营规划发展历程

森林经营规划经历了新中国成立初期的林业区划、2000 年以后的林业发展区划，以及新时期的森林经营规划等主要阶段。

(1) 林业区划

林业区划是指林业发展布局区域划分，是综合农业区划的组成部分，是促进林业发展合理布局的一项重要基础性工作。林业区划主要依据不同区域的自然地理条件、社会经济发展状况、森林分布特点以及森林功能价值等，以及不同区域林业发展方向和途径，划分成不同的林业发展适宜区。1949 年以前，我国未进行过林业区划，1954 年国家林业部成立林业区划研究组，编写了《全国林业区划草案》，将全国 28 个省(自治区)分为 18 个林区，限于当时对林业区划因子掌握资料甚少，林业区划工作未继续进行。1979 年，国家林业部部署国家、省(自治区、直辖市)、县(旗)三级林业区划，林业区划办公室依据当时社会发展状况和要求以及自然地理条件和森林资源状况，将中国林业区划成 8 个一级区和 50 个二级区加 1 个待补水区(《中国林业区划》，1987)，各省(自治区)先后完成各省(自治区)林业区划。全国林业区划以气候带、大地貌单元和森林植被类型或大树种为主要标志；省级林业区划以地貌、水热条件和大林种为主要标志；县级林业区划以代表性林种和树种为主要标志。

(2) 林业发展区划

2007 年，国家林业局根据时代发展要求以及现代林业发展趋势，再次部署林业区划工作，全国林业发展区划办公室依据自然地理条件和社会经济条件的差异性、森林与环境的相关性、林业的基础条件和发展潜力，以及社会经济发展对林业的主导需求等，将中国林业区划成 10 个一级区、62 个二级区、499 个三级区，分别编辑成综合篇、条件区划篇（一级区）、功能区划篇（二级区 1~3 册）和图集（《中国林业发展区划》，2011）。无论是中国林业区划还是中国林业发展区划都是从林业发展角度出发，依据森林资源特点和社会经济发展对林业和森林功能的需求等确定未来林业发展方向的空间布局。

（3）森林经营规划

2016 年，国家林业局从加强森林经营是现代林业建设永恒主题的角度出发，首次组织编制并印发了《全国森林经营规划（2016—2050 年）》提出了未来 35 年全国森林经营的基本要求、目标任务、战略布局和保障措施，是指导全国森林经营工作的纲领性文件。国家林业局 2017 年发布《省级森林经营规划编制指南》，2018 年又发布《县级森林经营规划编制规范》，首次开启了全国三级森林经营规划编制工作，并将森林经营规划编制列入《中华人民共和国森林法》第二十六条中。

森林经营规划不同于林业区划和林业发展区划，也不同于森林经营方案。通过编制全国、省级和县级三级森林经营规划，明确各级区域森林经营策略和森林经营目标以及森林经营任务，规范引导全国、省、县森林经营工作。通过这些法律法规和相关政策文件可以知道，我国从国家宏观层面开始越来越重视森林经营工作，需要建立起一套能够适应和满足新形势和新发展需要的现代森林经营体系。

目前，森林经营规划分为全国森林经营规划、省级森林经营规划和县级森林经营规划三个层次，各级森林经营规划要明确各级区域森林功能定位、森林经营方针、森林经营策略和森林经营目标以及森林经营任务，规范引导全国、省级、县级未来 20~30 年森林经营方向和森林经营工作。全国森林经营规划编制指导省级森林经营规划编制，省级森林经营规划指导县级森林经营规划编制，县级森林经营规划指导所在区域内国有林场、集体林场、森林公园、自然保护区、股份制林场和森林经营联合体等各类森林经营主体森林经营方案的编制（胡中洋，2020）。见表 3-1。

表 3-1 各级森林经营规划的联系与区别

类别	全国森林经营规划	省级森林经营规划	县级森林经营规划
层次	国家	省（直辖市、自治区）	县（市）
性质	宏观战略规划		
定位	指导和规范全国森林经营行为	指导和规范省级森林经营行为	指导和规范县级森林经营行为
时间范围	长期（30~50 年）	长期（30~50 年）	长期（30~50 年）
空间范围	全国林地	省（直辖市、自治区）林地	县（市）林地
支撑数据	森林资源连续清查数据	森林经理调查数据	森林经理调查数据
森林功能	明确	明确	明确

(续)

类别	全国森林经营规划	省级森林经营规划	县级森林经营规划
森林经营方针	√	√	√
森林经营目标	√	√	√
森林经营策略	√	√	√
森林经营区	√	√	√
森林经营类型	×	√	√
森林作业法	×	√	√

注："√"表示需要编制这项内容;"×"表示不需要编制这项内容;"—"表示没有这项内容。

3.2 全国森林经营规划

3.2.1 全国林业发展区划

全国林业发展区划以国土空间的林地、湿地、荒漠化和沙化土地，林木资源以及附属的野生动植物和微生物资源为区划对象，以森林资源为区划主体，综合考虑自然地理条件、环境容量、森林资源变化和林业发展现状等要素，形成全国林业发展区划三级分类系统。其中，一级分区反映对林业发展起控制作用的自然地理条件，又称自然条件分区；二级分区反映林业主导功能，又称主导功能分区；三级分区统筹谋划林业生产力布局，调整完善林业发展政策和经营措施，又称布局分区。

（1）全国林业发展一级区划

在全国林业发展区划10个一级分区中，广东省南北横跨南方亚热带常绿阔叶林、针阔混交林重点开发区和南方热带季雨林、雨林限制开发区。中间以台山—阳东—阳春—阳江、茂名、廉江一线为分界线，北部属于南方亚热带常绿阔叶林、针阔混交林重点开发区，南部则属于南方热带季雨林、雨林限制开发区。见表3-2。

表3-2 全国林业发展区划一级区划

大区	温度带	一级分区	面积（平方千米）	比例（%）
东部季风区	寒温带	大兴安岭寒温带针叶林限制开发区	136662	1.4
	中温带	东北中温带针阔混交林优化开发区	817069	8.5
	暖温带	华北暖温带落叶阔叶林保护发展区	962894	10.0
	亚热带	南方亚热带常绿阔叶林、针阔混交林重点开发区	2002968	20.9
	热带	南方热带季雨林、雨林限制开发区	138412	1.4
	亚热带	云贵高原亚热带针叶林优化开发区	381568	4.0

(续)

大区	温度带	一级分区	面积（平方千米）	比例（%）
青藏高寒区	高原温带	青藏高原东南部暗针叶林限制开发区	508693	5.3
	高原寒带	青藏高原高寒植被与湿地重点保护区	2067270	21.5
西北干旱区		蒙宁青森林草原治理区	823934	8.6
		西北荒漠灌草恢复治理区	1763246	18.4
合计			9602716	100.0

（2）全国林业发展二级区划

在全国林业发展区划一级区划的框架下，广东地处华南亚热带用材防护林区和粤桂南部防护经济林区2个二级分区，界线与一级分区界线相同，界线以北为华南亚热带用材防护林区，界线以南为粤桂南部防护经济林区。其中，华南亚热带用材防护林区涉及贵州、广西和广东三省份，总面积330142平方千米，广东省约90%以上的区域属于本区。粤桂南部防护经济林区涉及广东和广西两省份，总面积39356平方千米，本区粤南低山台地地区地带性植被热带季雨林遭受严重破坏，仅有零星分布，普遍种植速生丰产树种和热带经济作物。见表3-3。

表3-3 全国林业发展区划中涉及广东的分区

一级分区	二级分区	面积（平方千米）	比例（%）
南方亚热带常绿阔叶林、针阔混交林重点开发区	秦巴山地特用防护林区	209269	2.2
	大别山、桐柏山用材防护林区	139558	1.5
	四川盆地防护经济林区	163805	1.7
	两湖沿江丘陵平原防护用材林区	228647	2.4
	云贵高原东部中海拔山地防护林区	286877	3.0
	华东华中低山丘陵用材经济林区	615764	6.4
	华南亚热带用材防护林区	330142	3.4
	台湾北部防护用材林区	28907	0.3
南方热带季雨林、雨林限制开发区	藏东南用材经济林区	24841	0.3
	滇西南经济特用林区	8156	0.1
	滇南经济特用林区	22894	0.2
	粤桂南部防护经济林区	39356	0.4
	台湾南部防护用材林区	7786	0.1
	海南岛防护特用林区	34321	0.4
	南海诸岛防护林区	1057	0.0
全国合计		9602716	100.0

3.2.2 广东森林经营规划定位

《全国森林经营规划(2016—2050年)》统筹考虑各地森林资源状况、地理区位、森林植被、经营状况和发展方向等,把全国划分为大兴安岭寒温带针叶林经营区、东北中温带针阔混交林经营区、华北暖温带落叶阔叶林经营区、南方亚热带常绿阔叶林和针阔混交林经营区、南方热带季雨林和雨林经营区、云贵高原亚热带针叶林经营区、青藏高原暗针叶林经营区、北方草原荒漠温带针叶林和落叶阔叶林经营区等8个经营区。各经营区按照生态区位、森林类型和经营状况,因地制宜确定经营方向,制定经营策略,明确经营目标,实施科学经营。

广东涉及南方亚热带常绿阔叶林和针阔混交林经营区和南方热带季雨林和雨林经营区共2个经营区。南方亚热带常绿阔叶林和针阔混交林经营区是全国森林经营规划经营分区中林地面积最大的分区,约10858.02万公顷,占比达34.97%;南方热带季雨林和雨林经营区是全国森林经营规划经营分区中林地面积最小的区,约880.33万公顷,占比仅2.84%。见表3-4。

表3-4 全国森林经营规划经营分区一览表

分区名称	林地面积(万公顷)	比例(%)	行政范围
大兴安岭寒温带针叶林经营区	1349.95	4.35	黑龙江大兴安岭地区和内蒙古呼伦贝尔市的42个县(市、区、局、保护区)
东北中温带针阔混交林经营区	3972.43	12.79	黑龙江、吉林、辽宁、内蒙古4省(自治区)248个县(市、区、旗、局)
华北暖温带落叶阔叶林经营区	3368.76	10.85	北京、天津、河北、山西、辽宁、江苏、安徽、山东、河南、陕西、甘肃和宁夏等12省(自治区、直辖市)的817个县(市、区)
南方亚热带常绿阔叶林和针阔混交林经营区	10858.02	34.97	上海、江苏、浙江、安徽、福建、江西、河南、湖北、湖南、广东、广西、重庆、四川、贵州、云南、陕西和甘肃等17个省(自治区、直辖市)的1195个县(市、区)
南方热带季雨林和雨林经营区	880.33	2.84	广东、广西、海南、云南和西藏5个省(自治区)的73个县,包括云南高原南缘、东喜马拉雅山南翼侧坡、粤桂南部、海南岛等区域
云贵高原亚热带针叶林经营区	2405.53	7.75	四川、贵州和云南3个省的137个县(市、区),包括云南高原、滇西北、川西南、黔东高山峡谷、滇南、滇西南中山宽谷和滇中高原湖盆等区域
青藏高原暗针叶林经营区	3705.26	11.93	四川、云南、西藏、青海、甘肃和新疆6个省(区)的192个县(市、区)
北方草原荒漠温带针叶林和落叶阔叶林经营区	4506.90	14.52	内蒙古、吉林、河北、山西、陕西、甘肃、青海、宁夏和新疆9个省(自治区)的403个县(市、区、旗、局)
合计	31047.18	100.00	

广东森林经营规划定位：

①保护生物多样性，依法严格保护天然林，严禁将天然林改造为人工林，加快各类自然保护地优化整合，提高亚热带常绿阔叶林、针阔混交林和热带季雨林生态系统健康稳定性。

②继续推进重要江河源头区、河流两岸防护林建设，推进以基干林带为主体的沿海防护林建设，实施石漠化综合治理，修复受损生态系统，构建绿色生态走廊，维护区域生态安全。

③着重加强天然次生林修复和珍贵阔叶树种培育，精准提升亚热带珍贵阔叶林质量，把天然次生林经营成为培育珍贵阔叶树种用材林的基地。

④实施集约经营，建设桉树和松类为主的短轮伐期工业原料林基地、大径竹资源培育基地、杉木大径材林基地、木本粮油和特色经济林基地；定向培育红木类、楠木等珍贵树种大径级用材林，建设国家木材战略储备林基地，维护国家木材供给安全。

3.3 广东省级森林经营规划

3.3.1 广东林业发展区划

广东林业发展区划也称三级区划，是在全国林业发展一级、二级区划的基础上，统筹谋划广东林业生产力布局，调整完善广东林业发展政策和经营措施。

全省共划分16个三级分区，其中，14个属于国家一级分区中的南方亚热带常绿阔叶林、针阔混交林重点开发区和二级分区的华南亚热带用材防护林区；2个属于国家一级分区中的南方热带季雨林、雨林限制开发区和国家二级分区中粤桂南部防护经济林区。见表3-5。

表3-5 广东省林业发展三级分区

三级分区	面积（公顷）	行政范围
粤北山地自然保护林及石漠化重点治理区	1351413.2	连山县、连南县、连州市、乐昌市、乳源县、阳山县
韶关市风景林、环境保护林区	290412.5	浈江区、武江区、曲江区
北江中上游水源涵养林、一般用材林区	1461952.6	仁化县、南雄市、始兴县、翁源县、英德市
绥江上游水源涵养林、竹用材林区	606120.0	广宁县、怀集县
珠江三角洲外围水源涵养林、风景林区	1398569.2	清新区、从化区、增城区、清城区、佛冈县、鹤山市、高明区、高要区、四会市
东江流域水源涵养林、水土保持林区	1635482.6	新丰县、源城区、和平县、龙川县、连平县、东源县、龙门县
韩江流域水土保持林、珍贵用材林区	1593005.4	丰顺县、五华县、兴宁市、梅江区、梅县区、蕉岭县、大埔县、平远县

(续)

三级分区	面积(公顷)	行政范围
西江流域水源涵养林、珍贵用材林区	1257872.5	德庆县、封开县、罗定市、郁南县、云城区、云安区、新兴县
珠江三角洲风景林及林业产业区	1787663.1	天河区、白云区、黄埔区、荔湾区、越秀区、海珠区、萝岗区、南沙区、花都区、番禺区、罗湖区、福田区、南山区、盐田区、宝安区、龙岗区、香洲区、金湾区、斗门区、惠城区、惠阳区、东莞市、中山市、蓬江区、江海区、禅城区、南海区、顺德区、三水区、端州区、鼎湖区
东江中游自然保护林、一般用材林区	1003690.2	博罗县、紫金县、惠东县
粤东凤凰山脉-莲花山脉水土保持林及经济林产品区	797124.4	湘桥区、潮安区、饶平县、普宁市、揭东区、揭西县、陆河县
粤西云开大山-云雾山脉自然保护林及经济林产品区	1018629.9	阳春市、信宜市、高州市
潭江流域工业原料林、沿海防护林区	777358.1	新会区、台山市、开平市、恩平市
粤东潮汕平原近海及海岸湿地区	734018.3	榕城区、海丰县、城区、陆丰市、惠来县、金平区、濠江区、龙湖区、潮阳区、潮南区、澄海区、南澳县
粤西雷州半岛工业原料林、红树林区	989143.4	雷州市、遂溪县、廉江市、徐闻县、霞山区、坡头区、麻章区、赤坎区
粤西沿海防护林、工业原料林区	929402.9	化州市、江城区、阳西县、阳东区、吴川市、茂南区、茂港区、电白区

3.3.2 广东省级森林经营规划

在全国经营区框架控制下，以区域生态需求、制约性自然条件、森林资源现状为依据，综合考虑当地森林主导功能及社会经济发展对森林经营的要求，把全省划分为9个经营亚区(表3-6)，构成点、线、面相结合的森林经营总体布局。其中：自然保护区林与大径材林经营亚区和沿海地区基干林带经营亚区的面积、基本现状和经营目标均包含在其他7个区内。各经营亚区按照生态区位、森林类型、经营目标，因地制宜确定经营方向，制定经营策略，明确目标，实现科学经营。

表3-6 广东省森林经营亚区区划

序号	经营亚区	地级市	县(市、区)
1	粤北石漠化山地常绿阔叶与针阔混交林经营亚区	韶关市	乐昌市、乳源县
		清远市	连南县、连州市、连山县、阳山县、清新区(浸潭镇、石潭镇)、英德市

(续)

序号	经营亚区	地级市	县(市、区)
2	粤北山地丘陵水源涵养林与一般用材林经营亚区	韶关市	浈江区、曲江区、武江区、仁化县、南雄市、始兴县、翁源县、新丰县
		清远市	清城区、清新区(除浸潭镇、石潭镇以外的其他镇)、佛冈县
		河源市	源城区、和平县、龙川县、连平县、东源县、紫金县
		梅州市	丰顺县、五华县、兴宁市、梅江区、梅县区、蕉岭县、大埔县、平远县
		云浮市	罗定市、郁南县、云城区、云安区、新兴县
3	环珠三角山地丘陵水源涵养林与大径级用材林经营亚区	肇庆市	高要区、四会市、广宁县、怀集县、德庆县、封开县
		佛山市	高明区
		江门市	鹤山市、台山市、开平市、恩平市
		惠州市	博罗县、惠东县、龙门县
4	珠三角平原丘陵生态风景林与江河防护林经营亚区	广州市	荔湾区、越秀区、海珠区、天河区、黄埔区、白云区、番禺区、花都区、增城区、从化区、南沙区
		深圳市	福田区、罗湖区、南山区、盐田区、宝安区、龙岗区、光明区、坪山区、龙华区、大鹏区
		珠海市	香洲区、斗门区、金湾区
		东莞市	
		中山市	
		佛山市	禅城区、南海区、顺德区、三水区
		惠州市	惠城区、惠阳区
		江门市	蓬江区、江海区、新会区
		肇庆市	端州区、鼎湖区
5	粤东山地丘陵水土保持林与特色经济林经营亚区	潮州市	湘桥区、潮安区、饶平县
		揭阳市	榕城区、惠来县、普宁市、揭东区、揭西县
		汕尾市	海丰县、城区、陆丰市、陆河县
		汕头市	金平区、濠江区、龙湖区、潮阳区、潮南区、澄海区、南澳县
6	粤西山地丘陵水源涵养林与工业原料林经营亚区	阳江市	江城区、阳西县、阳东区、阳春市
		茂名市	茂南区、电白区、化州市、信宜市、高州市
7	雷州半岛台地热带季雨林与生态修复经营亚区	湛江市	雷州市、遂溪县、廉江市、徐闻县、霞山区、坡头区、麻章区、赤坎区

(续)

序号	经营亚区	地级市	县(市、区)
8	自然保护区林与大径材林经营亚区		全省依法设立的各级自然保护区(点状分布)
9	沿海地区基干林带经营亚区		全省大陆和岛屿基干林带和红树林消浪林带保存范围和适生区域(线状分布)

3.3.2.1 粤北石漠化山地常绿阔叶与针阔混交林经营亚区

(1)基本情况

该区包括韶关市所辖的武江区、乐昌市、乳源县和清远市所辖的连南县、连州市、连山县、阳山县、清新区(浸潭镇、石潭镇)、英德市。该区石漠化土地面积大，占到国土面积的80%左右；水土流失较为严重，有沟蚀和崩岗；资源环境承载能力一般，生态较脆弱。森林覆盖率虽然较高，但是人工纯林多，低质低效林面积大，亟需抚育的中幼龄林多。森林经营强度大，林地产出率比较低，经营效益亟待提高。

(2)经营方向

积极探索石漠化治理新技术、新模式，筛选石漠化地区造林模式，人工促进森林植被更新。加强封山管护力度，保护现有的森林植被。按照因害设防、突出重点的原则，优先将岩溶地区现有的森林植被作为重点补偿对象，列入森林生态效益补偿范围。

(3)经营策略

该区森林经营措施以自然恢复、林分改造、封山育林和重点治理为主。通过采用封育和改造相结合的方式，逐步恢复山地常绿阔叶、针阔混交林，突出森林保持水土的防护功能，强化水土流失以及石漠化治理。对于山地天然次生林和过密人工林，采取群团状择伐、伞状渐伐等作业法，结合林冠下补植，培育异龄复层混交林。对结构简单、林分稀疏、低效退化的天然次生林，采取单株木择伐、群团状择伐等作业法，实施"栽针保阔"措施，调整树种组成和林分结构，恢复生态功能。

3.3.2.2 粤北山地丘陵水源涵养林与一般用材林经营亚区

(1)基本情况

该区包括韶关市所辖的浈江区、曲江区、仁化县、南雄市、始兴县、翁源县、新丰县，清远市所辖的清城区、清新区(除浸潭镇、石潭镇以外的其他镇)、佛冈县，河源市所辖的源城区、和平县、龙川县、连平县、东源县、紫金县，梅州市所辖的丰顺县、五华县、兴宁市、梅江区、梅县区、蕉岭县、大埔县、平远县和云浮市所辖的罗定市、郁南县、云城区、云安区、新兴县。该区天然次生林森林质量不高，森林抵御雨雪冰冻等灾害能力弱。集体及个人经营的用材林面积比例高，森林经营强度大，但林地产出率比较低，经营效益亟待提高。区域大面积的可造林地分布少，增加森林面积的空间有限。

(2)经营方向

继续推进重要江河源头区、河流两岸防护林建设,加快四旁植树,构建绿色生态走廊,增强灾害抵御能力。挖掘林地生产潜力,培育集约经营的商品林和珍贵大径级阔叶混交林,大幅提高森林质量,建立优质高效的森林生态系统,维护国家木材供给安全。全面实施杉木、马尾松等人工纯林提质、退化林(带)修复,增加复层针阔混交林比重。着重加强天然次生林修复和珍贵阔叶树种培育,精准提升亚热带珍贵阔叶林质量,把天然次生林经营成为培育珍贵阔叶树种用材林的基地。建设一批松类、杉类为主的短轮伐期工业原料林基地、大径材资源培育基地、木本粮油和特色经济林基地。

(3)经营策略

对区域内天然次生林以封育管护为主,结合群团状择伐、单株木择伐等作业法,低强度疏伐和林冠下补植,恢复地带性顶级群落。山地丘陵立地指数较高的区域,要充分发挥木材等林产品生产功能,采取伞状渐伐、单株木择伐、镶嵌式皆伐等作业法,定向培育红锥、楠木、杉木、木荷、枫香、观光木等珍贵树种和大径级用材林。采取一般皆伐(小面积)、镶嵌式皆伐等作业法,培育杉木、马尾松、湿地松、桉树、木荷、米槠、栲类等中短周期用材林;因地制宜、突出特色,科学培育毛竹用材林和笋竹两用林;发展油茶、板栗、锥栗、枣、柿、杜仲、厚朴、沙田柚等特色经济林,增强亚热带林产品供给能力,实现林地产出最大化。

3.3.2.3 环珠三角山地丘陵水源涵养林与大径级用材林经营亚区

(1)基本情况

该区包括肇庆市所辖的高要区、四会市、广宁县、怀集县、德庆县、封开县,佛山市所辖的高明区,江门市所辖的鹤山市、新会区、台山市、开平市、恩平市和惠州市所辖的博罗县、惠东县、龙门县。该区多数林分树种结构单一、单层林比重大,稳定性差。中幼林比重大,单位面积乔木林蓄积量略低于全省平均水平。可利用森林资源短缺,优质生态产品供给能力不强。残次林比重大,局部区域森林生态系统有逆向演替趋势。

(2)经营方向

加强森林抚育和退化林分修复,恢复地带性南亚热带阔叶混交林顶级群落,显著提高森林质量,增强水源涵养功能,构筑珠三角地区山地丘陵生态屏障。全面推进中幼龄林抚育,科学调整林分结构,提升森林涵养水源能力。大力发展降香黄檀、非洲桃花心木、红锥、樟树、柚木等珍贵大径材,培育速生丰产林,精准提升林分质量,建设木材战略储备基地,培育生态财富。积极培育荔枝、龙眼等果材兼用林,大力发展林下经济。大力发展竹林,开展竹产品精深加工与利用。

(3)经营策略

对于山地天然次生林和过密人工林,采取群团状择伐、伞状渐伐等作业法,结合林冠下补植红锥、樟树等树种,培育异龄复层混交林。对结构简单、林分稀疏、低效退化的天然次生林，采取单株木择伐、群团状择伐等作业法，实施"栽针保阔"措施，调整树种组成和林分结构，恢复生态功能。对降香黄檀、非洲桃花心木、红锥、樟树、柚木等珍贵大径级树种，采取带状渐伐、群团状择伐和单株木择伐等作业法，培育以珍贵树种和优质大径材为主的多功能兼用林。在坡度小于25度的商品林或兼用林林下，以人工栽培为主，开展立体复合经营，发展林-果、林-药、林-菜、林-菌等多种模式，建设油茶、砂糖橘、茶叶、荔枝、龙眼等特色森林食品药品基地。

3.3.2.4 珠三角平原丘陵生态风景林与江河防护林经营亚区

（1）基本情况

该区包括广州市所辖的荔湾区、越秀区、海珠区、天河区、黄埔区、白云区、番禺区、花都区、增城区、从化区、南沙区，深圳市所辖的福田区、罗湖区、南山区、盐田区、宝安区、龙岗区、光明新区、坪山新区、龙华新区、大鹏新区，珠海市所辖的香洲区、斗门区、金湾区，东莞市、中山市，佛山市所辖的禅城区、南海区、顺德区、三水区，惠州市所辖的惠城区、惠阳区，江门市所辖的蓬江区、江海区和肇庆市所辖的端州区、鼎湖区。该区域森林生态功能不强，森林景观质量不高，生态效益低下的桉树纯林和马占相思纯林占有一定比例，单位面积乔木林蓄积量略低于全省平均水平。薇甘菊、松材线虫、松突圆蚧等林业外来有害生物治理虽取得一定成效，但仍对区域森林生态安全构成较大威胁。沿江、沿河生态廊道建设有待加强，林水结合度有待进一步提升。城区绿化空间层次简单，垂直绿化发展潜力大。

（2）经营方向

强化近自然经营理念，进一步提高森林质量，对城市周边桉树纯林和马占相思纯林进行改造提升，增加乡土景观树种比例，构筑稳固的森林生态安全屏障，打造"森林珠三角、美丽都市圈"，建设珠三角国家森林城市群。采取工程措施与生物措施结合的方法，加强外来林业有害生物治理，保障森林生态建设成果。采取多种形式拓展城市森林绿化空间，增加森林覆盖，不断提升城市品位和绿化效果。因地制宜发展林下经济，培育新兴产业，建设全国苗木、家具、人造板等林产品的主要生产地和流转中心。

（3）经营策略

采用带状渐伐作业法、伞状渐伐作业法、群团状择伐作业法，将江河水源涵养区针叶树种改造成蓄水能力强的珍贵阔叶树种或乡土树种，提高公益林的生态服务功能，以重点林业生态工程为载体，营建城乡一体、连片大色块特色的城市森林生态景观，提高城市森林绿地总量，增强城市森林碳汇能力。加快天然湿地红树林等湿地生态系统保护、重建和恢复，提升江河沿岸防护林连通性和防护效能，建设特色鲜明、覆盖城乡的湿地公园网络，建成生态健康、绿水相依、通江达海、人水和谐的绿色生态水网。拓展城市森林建设空间，因地制宜，分类建设，突出特色，统筹城镇和乡村生态建设，形成生态宜居、空间均衡、特色鲜明、绿色惠民的城镇森林生态系统，重点推进休闲宜居型、生态旅游型和岭南水乡型森林小镇建设。促进城市立体绿化建设，研究推广立体绿化新品种、新技术，改善区域生态环境。

3.3.2.5 粤东山地丘陵水土保持林与特色经济林经营亚区

（1）基本情况

该区包括潮州市所辖的湘桥区、潮安区、饶平县，揭阳市所辖的榕城区、惠来县、普宁市、揭东区、揭西县，汕尾市所辖的海丰县、城区、陆丰市、陆河县，汕头市所辖的金平区、濠江区、龙湖区、潮阳区、潮南区、澄海区、南澳县。该区立地条件差，沿海石蛋地貌面积比例较大，土壤较瘠薄，造林难度大。乔木林以相思类树种为主，树种比较单一，人工纯林较多，单位面积蓄积量低，林分质量较差，乔木林单位面积蓄积量与全省平均水平有较大差距。林下植被稀少，群落结构不完整，林分稳定性差，病虫害比较严重，水土保持功能不强。名优经济林果品比例不高，效益较低，优势不突出。森林易遭受台风等自然灾害破坏。

（2）经营方向

加大困难立地造林力度和投入，积极营造水土保持林，选择水土保持、水源涵养功能强的乡土树种培育复层异龄林，控制水土流失，增强水土保持功能，构建区域生态屏障。加快发展和提升湿地度假、海滨旅游产业，打造一批竞争力强、特色鲜明的产业集群和示范园区。建设一批具有全国影响力的花卉苗木示范基地，发展一批增收带动能力强的木本粮油、特色经济林、林下经济和竹产业基地。

（3）经营策略

对过密的人工针叶纯林、阔叶林，采取群团状择伐、伞状渐伐等作业法，结合林冠下补植，培育异龄复层混交林，恢复地带性森林群落，提高森林的水土保持功能。采用伞状渐伐作业法、群团状择伐作业法，加强天然次生林修复和珍贵阔叶树种培育，精确提升亚热带珍贵阔叶林质量，把天然次生林经营成为培育珍贵阔叶树种用材林的基地。采用经济林作业法，幼林阶段采取割灌、除草、浇水、施肥等措施提高造林成活率和促进苗木早期生长，幼、中龄林阶段采取整形修枝、防治病虫害等措施，加强水肥管理，提高集约经营水平，建设一批木本粮油和荔枝、龙眼、蜜柚、橄榄、青枣等特色经济林基地，促进绿色循环经济发展。大力推进林下种养经济，拓展林业经济收入渠道。

3.3.2.6 粤西山地丘陵水源涵养林与工业原料林经营亚区

（1）基本情况

该区包括阳江市所辖的江城区、阳西县、阳东区、阳春市和茂名市所辖的茂南区、电白区、化州市、信宜市、高州市。该区林地生产力不高，水热条件好、林木生长快的优势没有得到充分发挥。天然次生林人工林化严重，人工纯林多，低质低效林面积大。集体及个人经营的用材林面积比例高，森林经营强度大，但林地产出率比较低，经营效益亟待提高。速生桉发展面积过大，集约经营强度高，轮伐期短，土地退化、水土流失严重，抗风险能力弱。台风等自然灾害发生比较频繁，森林容易遭受破坏，给林业生产和森林经营带来巨大损失。

(2) 经营方向

加强湿地自然保护区、湿地公园、重要湿地的建设，全面提升湿地生态系统的生态功能，逐步提高生态防灾减灾的能力。加快发展和提升湿地度假、海滨旅游产业，打造一批竞争力强、特色鲜明的产业集群和示范园区。建设一批具有全国影响力的花卉苗木示范基地，发展一批增收带动能力强的木本粮油、特色经济林、林下经济基地。

(3) 经营策略

对沿海丘陵地区防护林，采取带状渐伐等作业法，沿等高线隔带疏伐、割灌、修枝，断带区域大苗补植或间密补稀移植，增强风暴潮等灾害抵御能力。对三代连作的速生桉，采伐后，营造乡土珍贵阔叶树种，调整树种组成，培育以珍贵树种为目标的异龄混交林。利用水热丰富的条件，在林地质量等级高的林地适度发展杉木、松树、桉树等工业原料林以及红锥等珍贵用材林，全面提高林地生产率。加快政策性森林保险服务体系建设，实现政策性森林保险实现全覆盖，尽量减少因灾损失，提高各类森林经营主体投资造林的积极性。加快林业供给侧改革力度，大力推进林下经济，提高木本粮油、特色经济林、林下经济基地的经营效益。

3.3.2.7 雷州半岛台地热带季雨林与生态修复经营亚区

(1) 基本情况

该区包括湛江市所辖的雷州市、遂溪县、廉江市、徐闻县、霞山区、坡头区、麻章区、赤坎区。该区热带季雨林受损严重，天然次生林少，生态环境脆弱。人工中幼龄林比重偏高，桉树萌芽林占比高，单位面积乔木林蓄积量略低于全省平均水平。森林生产力和林地产出低。林地稳定性差，地势平坦，宜林宜农。森林对台风、风暴潮等自然灾害的防御能力弱，森林生态防护功能与实现区域经济社会可持续发展所需的生态容量要求差距比较大。

(2) 经营方向

依法严格保护热带天然季雨林，规范退化林修复，严禁将天然林改造为人工林。逐步恢复热带季雨林生态系统，优化美化人居环境，保护物种多样性。充分利用良好的水热条件，培育集约经营的商品林，大幅提升林地生产力，实现林地产出最大化，增强林业多种功能和多重效益。实施集约经营，建设桉树和相思类为主的短轮伐期工业原料林基地、大径材资源培育基地和红江橙、杧果、茶叶等特色经济林基地；定向培育红木类、楠木等珍贵树种大径级用材林，建设热带国家木材战略储备林基地，提升对区域生态旅游、绿色经济发展的战略支撑作用。

(3) 经营策略

山地丘陵区域，采取保护经营作业法，封禁保护热带季雨林天然次生林群落，保护热带森林生物多样性。对区域内天然次生林和退化次生林，以封育管护为主，结合采取群团状择伐等作业法，低强度疏伐和林冠下补植，引导培育优质天然林，恢复热带森林顶级群落。对桉树、马尾松、湿地松等低质低效人工纯林，采取伞状渐伐、群团状择伐等作业法，补植乡土珍贵树种，调整树种组成，培育以珍贵树种用材为目标的人工异龄针阔混交林。对受自然灾害损毁的林分，采取单株木择伐等作业法，结合补植补造、清除病株和寄生植物，培育混交林。对桉树、松类等短轮伐期用材林，采取一般皆伐(小面积)、镶嵌式皆伐等作业法，实施集约经营，加快促进热带林浆纸一体化产业发展。

3.3.2.8 自然保护区林与大径材林经营亚区

(1)基本情况

该区包括林业系统建设和管理的各种类型、不同级别的自然保护区达270个[其中，国家级8个，省级50个，市(县)级212个]，面积约124.5万公顷，约占全省面积的6.9%，在全省呈点状星罗棋布。该区部分森林结构简单、质量较差，仍需要人工改造，进一步提高森林质量。集体林地占比大，生态补偿激励不足，部分区域社区矛盾较突出。自然保护区平均面积偏小，连通性较差，岛屿化现象较严重，存在自然保护空缺(GAP)现象。

(2)经营方向

推进天然林保护，采取保护经营作业法，封禁保护以壳斗科常绿树种为主体的亚热带原始常绿阔叶林、针阔混交林、热带季雨林等自然生态系统，维持和增强生物多样性，提高生态系统健康稳定性。加强森林经营与社区参与共建，促进保护区资源的充分利用和有效保护。积极培育以乡土阔叶树种为主的大径材林，建设国家木材战略储备基地。

(3)经营策略

保护、修复和扩大珍稀濒危野生动植物栖息地，开展濒危野生动植物抢救性保护，构建以国家公园为主体，自然保护区、自然公园为补充的自然保护地网络。以南岭山系的韶关、清远、梅州等地市为重点区域，在相邻自然保护区之间，以生态公益林、森林公园、湿地公园等其他自然保护地为基础，建设区域性的生物通道(廊道)，进而建设具有示范作用的区域性自然保护区群。遵循近自然森林经营理念，通过在保护区实验区划定一定规模且生长良好、具有培育大径级材和珍贵树种潜力的林分列入国家储备林，并对划定的林分采取现有林改培和森林抚育等措施，提升林分质量，增加林分蓄积量。

3.3.2.9 沿海地区基干林带经营亚区

(1)基本情况

该区范围为全省大陆和岛屿基干林带保存范围和适生区域，与海岸线平行，呈线状分布，泥质海岸宽度200米以上，沙质海岸宽度300~500米。该区基干林带范围内存在毁林开矿、挖沙取土、围滩养殖等现象，非法占用时有发生。林带总量不足、建设质量总体不高，表现在宽度不够、质量不高、体系简单等。部分基干林带林龄老化、退化严重、病虫害增多，加之经过多年风暴潮等自然灾害的袭击，林木断梢、折干现象较多，局部甚至出现断带缺口，形成残次林相，导致防护功能下降，与构建防灾减灾体系的要求仍不相适应。

(2) 经营方向

以滩涂红树林的造林与保护、灾损基干林带修复和老化基干林带更新为重点，通过低效林改造、封山育林等措施，提高林分质量，增强森林生态系统稳定性。逐步实施退塘(耕)造林，保证项目建设用地，增加林带宽度，全面提升防护效能。

(3) 经营策略

以发挥护岸固沙、抵御海啸等生态服务功能为主要经营目的，营造以木榄、榄李、秋茄、红海榄、桐花树、白骨壤等为主的一级基干林带(红树林消浪林带)和以木麻黄、台湾相思、香蒲桃等为主的二级基干林带。加强重大技术问题攻关和推广，如红树林引种驯化、低效防护林改造、重大病虫害防治、高效防护林体系配置等。加大风口地段造林、退化林带修复力度，营造滨海防风固沙林、护岸林和护路林，优化美化人居环境，构筑沿海防灾减灾带。

3.4 广东县级森林经营规划

县级森林经营规划是指导县域内森林进行可持续经营管理的纲领性文件，在落实省级森林经营规划的目标和任务的前提下，结合县域内森林经营实际，对森林经营分区、分类、作业法等进行划分并落实到小班和山头地块。县级森林经营规划在各地政府保护及发展森林资源方面起到指导作用。同时，县级森林经营规划将国家和省的森林经营目标进行分解和细化，以及其在森林资源经营管理方面的各项政策措施进行落实。因此在我国当前重视生态文明建设、着力提高森林质量的情况下，编制能够适应新形势的县级森林经营规划是各级森林经营主体编制执行森林经营方案、进行森林经营决策和实施经营措施的重要依据，具有十分重要的实践意义。

3.4.1 原则要求

根据广东省林业厅印发《县级森林经营规划编制规范》要求，全省各地要将省级森林经营规划中确定的建设任务、近期重点项目工程等落实到县级规划中，将森林经营分区、经营分类、规划任务和推荐的作业法落实到小班，实现县级规划与省级规划衔接。根据省级森林经营亚区划分成果，统筹考虑县域生态需求、森林类型、经营方向等，合理确定县域森林经营分区，细化完善县域内主要森林类型关键经营技术和森林作业法体系，明确经营策略，做到因林施策，精准提升森林质量，见表3-7。

表 3-7 县级森林经营规划编制总则

序号	项目	主要要求
1	指导思想	提质增效
2	规划目标	落实省级森林经营规划确定的任务
3	规划任务	编制县域森林经营规划
4	规划范围	县域所有林地、规划为林业发展的其他土地，县域内明确独立编制规划的林地除外，注意征占用林地
5	规划期限	2016—2050年(近期为2016—2020年、中期为2021—2030年、远期为2031—2050年)
6	编制依据	国家法律法规、技术规程、行业规范等；国家、省、县域相关发展规划、专题规划等
7	编制原则	依法依规、质量提升、因地制宜、科学实用、简明规范
8	编制程序	内业准备(文件、数据、图表)，外业调查(森林资源数据)，内业整理(森林资源分析与评价、森林经营状况分析与评价、森林经营分类分区、确定小班森林经营作业法)，编制规划文本，建立小班森林经营数据库档案，成果论证与报批等
9	规划深度	森林经营分区、落实规划任务、把森林作业法落实到小班(山头地块)
10	规划成果	规划报告、附表、附图、附件(规划说明、专题报告、数据库)
11	编制单位	县级林业主管部门，编制任务由具有林业规划设计相应能力的单位承担

3.4.2 技术要求

(1) 森林类型划分

按照森林起源、树种组成、近自然程度和经营特征，将全省森林按起源划分为天然林和人工林两大类，进一步促进因林施策、科学经营，对不同森林类型采取有针对性的经营措施。其中，天然林细分为天然次生林和退化次生林；人工林细分为近天然人工林、人工混交林、人工阔叶纯林和人工针叶纯林(表 3-8)。

表 3-8 广东省主要森林类型划分

森林类型		基本情况
天然林	天然次生林	原始林经过高强度采伐、火烧等人为干扰或严重的自然灾害后，大部分原生植被消失，主要依靠自然力由大量萌生林木和部分实生林木形成，其树种组成和结构复杂。主要包括鹦鹉、木荷和青冈等阔叶树种天然次生林
	退化次生林	部分天然次生林受过度的人为或自然干扰，主林层持续退化，天然更新不足，导致原有的演替进程中断或进入生态系统逆向演替，林分质量和利用价值低。主要包括鸭脚木、野漆树和山乌桕等退化次生林
人工林	近天然人工林	起源于人工造林，又经过计划性保护和促进天然更新后形成，或者是人工林因长期放弃经营利用，导致大量天然更新林木进入主林层后形成，其结构兼有天然林和人工林成分，主要包括阔叶混交林和针阔混交林
	人工混交林	由2个以上树种组成，起源于人工造林，主要包括人工阔叶混交林、人工针阔混交林和人工针叶混交林

(续)

森林类型		基本情况
人工林	人工阔叶林	由单一阔叶树种组成，起源于人工造林，包括由桉树、速生相思、南洋楹等速生阔叶树种构成的人工纯林
	人工针叶林	由单一针叶树种组成，起源于人工造林，包括由杉木、马尾松、国外松等针叶树种组成的人工纯林

（2）经营分区

森林经营分区是依据区域的自然地理条件和社会经济的差异性，以及对林业的主导需求和可持续发展规律等，明确功能分区的发展方向、功能定位和生产力布局，为实现林业高质量发展和支撑社会经济可持续发展构建空间布局框架。

在森林主导功能区划理念和地理信息系统（GIS）技术支持下，将具有相同经营方向目的、采取大致相同的经营策略、地域上相连的地段和林分组成经营整体，并以林种或目标功能命名。

功能区一般为在地域上相连，主体功能一致，可围绕主体功能从整体上采取系列经营措施的经营管理区域。下列功能区应予优先区划：①自然保护区（自然保护小区）；②自然与文化遗产地；③国防及国防设施防护区；④饮用水源地管理区；⑤种质资源保存、种子林或母树林经营区；⑥森林文化（宗教）保护区；⑦风景林保护与森林游憩区。

（3）经营类型组划分

在《广东省森林经营规划（2016—2050年）》确定的森林经营亚区框架下，根据编案单位生态区位重要性、生态脆弱性与资源特点，结合林地保护利用规划分级保护要求，从经济社会要求和森林经营管理的主导方向出发，将森林划分为严格保育的公益林、多功能经营的兼用林和集约经营的商品林等三大森林经营类型组。其中，多功能经营的兼用林又细分为以生态服务为主导功能的兼用林和以林产品生产为主导功能的兼用林。见表3-9。

表3-9 各森林经营类型组的主要经营管理策略

森林经营类型组		经营对象	主要经营管理策略
严格保育的公益林		国家Ⅰ级公益林	予以特殊保护，突出自然修复和抚育经营，严控生产性经营活动
多功能经营的兼用林	生态服务为主导功能的兼用林	国家Ⅰ、Ⅱ级公益林和地方公益林	严控林地流失，强化抚育经营，突出增强生态功能，兼顾林产品生产功能
	林产品生产为主导功能的兼用林	一般用材林和部分经济林	加强抚育经营，培育优质大径级高价值木材等林产品，兼顾生态服务功能约束
集约经营的商品林		速生丰产用材林、短轮伐期用材林、生物质能源林和部分特色经济林	开展集约经营，充分发挥林地潜力，提高产出率，同时考虑生态环境

①严格保育的公益林类：严格保育的公益林主要是指国家Ⅰ级公益林，主要分布于江河源头、江河两岸、自然保护区、湿地水库、荒漠化和水土流失严重地区、沿海防护林基干林带等重要生态功能区内，对国土生态安全、生物多样性保护和经济社会可持续发展具有重要的生态保障作用，发挥森林的生态保护调节、生态文化服务或生态系统支持功能等主导功能的森林。这类森林予以特殊保护，突出自然修复和抚育经营，严格控制生产性经营活动。

②生态服务为主导功能的兼用林类：生态服务为主导功能的兼用林包括国家Ⅱ、Ⅲ级公益林和地方公益林，主要分布于生态区位重要、生态环境脆弱地区，发挥生态保护调节、生态文化服务或生态系统支持等主导功能，兼顾林产品生产。这类森林以修复生态环境、构建生态屏障为主要经营目的，严控林地流失，强化森林管护，加强抚育经营，围绕增强森林生态功能开展经营活动。如：自然保护区中一般控制区的森林、森林公园和风景名胜区中游览区的森林(纳入国家、省、市补偿的重点公益林)。

③林产品生产为主导功能的兼用林类：林产品生产为主导功能的兼用林包括一般用材林和部分经济林，以及国家和地方规划发展的木材战略储备基地，主要分布于水热条件较好区域，以保护和培育珍贵树种、大径级用材林和特色经济林资源，兼顾生态保护调节、生态文化服务或生态系统支持功能。这类森林以挖掘林地生产潜力，培育高品质、高价值木材，提供优质林产品为主要经营目的，同时维护森林生态服务功能，围绕森林提质增效开展经营活动。

④集约经营的商品林类：集约经营的商品林包括速生丰产用材林、短轮伐期用材林、生物质能源林和部分优势特色经济林等，主要分布于自然条件优越、立地质量好、地势平缓、交通便利的区域，以培育短周期纸浆材、人造板材以及生物质能源和优势特色经济林果等，保障木(竹)材、木本粮油、木本药材、干鲜果品、林产化工等林产品供给为主要经营目的。这类森林应充分发挥林地生产潜力，提高林地产出率，同时考虑生态环境约束，开展集约经营活动。如：工业原料林、速生丰产林、生物质能源林和经济林等集约经营的森林。

(4)经营类型组织

①经营类型组织的依据。

——树种或树种组。有林地小班之间，最显著的差异是树种不同产生的，其他条件相同而树种不同时，小班或林分状态、生长过程、产生的各种效能等常不相同。对纯林和优势树种明显的林分以单个树种为单位，对混交林或优势树种不明显的以树种组为单位确定经营类型。有时小班的优势树种不是主要树种，而是次要树种占优势，可以组织临时经营类型，以便通过合理经营使其转变为以主要树种占优势的经营类型。

——立地质量。小班的优势树种或主要树种相同，而立地质量不同，表现在地位级、地位指数(级)不同时，小班(林分)的自然生产力则有较大差别，生长过程和实现的最终状态也有较大差异。例如，立地质量高的林地适宜于培育大径材，而立地质量低的只能培育出中、小径级材或薪炭材。如果在立地质量低的林地上经营目标是生产大径材,有可能经营目标永远不能实现。

——森林起源。优势树种相同而林分起源不同,则林木的寿命、生产率、材种和防护效能等均不相同。所谓森林起源不同,一般指林分是实生或萌生,有时也指天然林或人工林。因而林分起源不同时,可分别组织经营类型。如杉木实生经营类型、杉木萌生经营类型等。

——经营目的。由于经营上的需要,可以根据经营目的差异组织不同的经营类型。在经济条件好、交通方便的林区,经营目的往往是组织经营类型主要的依据之一。如在用材林林区中,有一些分散的特种经济林小班,就可以作为特用经济林;例如油茶林经营类型等。有时为了满足国民经济对某一种特殊需要而组织专门生产某材种的经营类型,如造纸材经营类型等。对无林地小班,则应按其立地条件和经营目的差异,分别归到相应的经营类型中去,以便对经营类型设计森林经营措施时一并考虑。

②经营类型组织的方法。在林场内,组织经营类型的数量,除取决于上述4个条件外,还取决于森林经营水平的高低。经营水平越高,经营类型的个数也越多。因为每个经营类型均需要有一套完整的经营措施体系,即经营目标、抚育间伐、森林更新、作业法、轮伐期等,各经营类型都应有各自的特点。如果在经营利用措施上没有显著的差别,则没有必要强求组织过多的经营类型。

组织经营类型后,同一经营类型中的各小班,在不同时期(表现在各个龄级中)应实施不同的经营措施,即在同一经营类型中,同龄级的各小班的经营利用措施是相同的。这样就可以按龄级来实施同一经营利用措施,简化了规划设计工作,提高了工作效率,也便于在经营期内按经营措施统计工作量。

经营类型的命名,一般根据主要树种命名。也可以在主要树种之前,再加上森林起源、立地质量高低、产品类型及防护性能等名称。当主要树种由几个树种组成时,也可按树种组命名。广东省主要森林经营类型见表3-10。

表3-10 广东省主要森林经营类型

森林经营类型组	经营对象	森林经营类型	经营目的
严格保育的公益林	国家Ⅰ级公益林	防护林(特用林)森林经营类型	混交林
生态服务为主导功能的兼用林	国家Ⅱ、Ⅲ级公益林和地方公益林	马尾松(广东松)防护林(特用林)兼用材林森林经营类型	人工(天然)混交林
		湿地松(国外松)防护林(特用林)兼用材林森林经营类型	
		杉木防护林(特用林)兼用材林森林经营类型	
		桉树防护林(特用林)兼用材林森林经营类型	人工混交林
		速生相思防护林(特用林)兼用材林森林经营类型	

(续)

森林经营类型组	经营对象	森林经营类型	经营目的
生态服务为主导功能的兼用林	国家Ⅱ、Ⅲ级公益林和地方公益林	其他阔叶纯林防护林(特用林)兼用材林森林经营类型	人工(天然)混交林
		针叶混交林防护林(特用林)兼用材林森林经营类型	
		针阔混交林防护林(特用林)兼用材林森林经营类型	
		阔叶混交林防护林(特用林)兼用材林森林经营类型	
		红树林防护林(特用林)兼用材林森林经营类型	有限经营用材林
		竹林防护林(特用林)兼用材林森林经营类型	
		经济树种防护林(特用林)兼用材林森林经营类型	有限经营经济林
林产品生产为主导功能的兼用林	一般用材林	杉木用材林兼防护林(特用林)森林经营类型	培育大径材，兼顾生态
		马尾松(广东松)用材林兼防护林(特用林)森林经营类型	
		湿地松(国外松)用材林兼防护林(特用林)森林经营类型	
		桉树大径材用材林兼防护林(特用林)森林经营类型	
		速生相思大径材用材林兼防护林(特用林)森林经营类型	
		其他针叶大径材用材林兼防护林(特用林)森林经营类型	
		其他阔叶大径材用材林兼防护林(特用林)森林经营类型	
		其他针阔混交用材林兼防护林(特用林)森林经营类型	
林产品生产为主导功能的兼用林	一般用材林	竹林用材林兼防护林(特用林)森林经营类型	有限经营用材林
	珍贵树种	杉木+红锥等阔叶树混交用材林兼防护林(特用林)森林经营类型	培育大径材，兼顾生态
		马尾松+红锥等阔叶树混交用材林兼防护林(特用林)森林经营类型	
		其他珍贵树种用材林兼防护林(特用林)森林经营类型	
	经济林	经济树种经济林兼防护林(特用林)森林经营类型	有限经营经济林
集约经营的商品林	速生丰产用材林	马尾松(广东松)中小径材用材林森林经营类型	集约经营培育中小径材
		湿地松(国外松)中小径材用材林森林经营类型	
		杉木中小径材用材林森林经营类型	
		桉树中小径材用材林森林经营类型	
		速生相思中小径材用材林森林经营类型	
		竹林用材林森林经营类型	
		其他中小径材用材林森林经营类型	

（续）

森林经营 类型组	经营 对象	森林经营类型	经营目的
集约经营的商品林	生物质能源林	马尾松（广东松）脂材两用林森林经营类型	集约经营高产林
		其他生物质能源林森林经营类型	
	特色经济林	油茶经济林森林经营类型	
		茶叶经济林森林经营类型	
		荔枝（龙眼）经济林森林经营类型	
		其他经济林森林经营类型	

(5) 森林作业法设计

森林作业法是针对林分现状（林分初始条件），围绕森林经营目标而设计和采取的技术体系，是落实经营策略、规范经营行为、实现经营目标的基本技术遵循。森林经营是一个长期持续的过程，森林作业法应该贯穿于从森林建立、培育到收获利用的森林经营全周期，一经确定应该长期持续执行，不得随意更改。主要作业法：

①保护经营作业法。主要适用于严格保育的公益林经营，广东省共细分9种森林作业法。该作业法以自然修复、严格保护为主，原则上不得开展木材生产性经营活动，严格控制和规范林木采伐行为。可适度采取措施保护天然更新的幼苗幼树，天然更新不足的情况下可进行必要的补植等人工辅助措施，在特殊情况下可采取低强度的森林抚育措施，促进建群树种和优势木生长，促进和加快森林正向演替。因教学科研需要或发生严重森林火灾、病虫害以及母树林、种子园经营等特殊情况，按《国家级公益林管理办法》的有关规定执行，见表3-11。

表3-11 保护经营作业法适用表

序号	作业法名称	适用条件
1	针叶纯林保护经营作业法	适用于严格保育的公益林
2	阔叶纯林保护经营作业法	适用于严格保育的公益林
3	针叶混交林保护经营作业法	适用于严格保育的公益林
4	针阔混交林保护经营作业法	适用于严格保育的公益林
5	阔叶混交林保护经营作业法	适用于严格保育的公益林
6	红树林保护经营作业法	适用于严格保育的公益林
7	木麻黄基干林带保护经营作业法	适用于严格保育的公益林
8	竹林保护经营作业法	适用于严格保育的公益林
9	经济树种保护经营作业法	适用于严格保育的公益林

②单株木择伐作业法。适用于多功能经营的兼用林(表 3-12),也适用于集约经营的人工林,属于培育恒续林的作业法,广东省共细分 7 种森林作业法。该作业法对所有林木进行分类,划分为目标树、干扰树、辅助树(生态目标树)和其他树(一般林木),选择目标树、标记采伐干扰树、保护辅助树。通过采伐干扰树、修枝整形、在目标树基部做水肥坑等措施,促进目标树生长,提高森林质量,提升木材品质和价值,最终以单株木择伐方式利用达到目标直径的成熟目标树。主要利用天然更新方式实现森林更新,结合采取割灌、除草、平茬复壮、补植等人工辅助措施,促进更新层目标树的生长发育,确保目标树始终保持高水平的生长、结实、更新能力,成为优秀的林分建群个体,保持森林恒续覆盖,维持和增加森林的主要生态功能,同时持续获取大径级优质木材。

表 3-12 单株木择伐作业法适用表

序号	作业法名称	适用条件
1	速生桉防护林单株木择伐作业法	适用于亚热带山地或丘陵地区的速生桉兼用林培育
2	马尾松防护林单株木择伐作业法	适用于亚热带山地或丘陵地区的马尾松兼用林培育
3	杉木防护林单株木择伐作业法	适用于亚热带山地或丘陵地区的杉木兼用林培育
4	国外松防护林单株木择伐作业法	适用于亚热带山地或丘陵地区的国外松兼用林培育
5	马尾松+阔叶混交林单株木择伐作业法	适用于亚热带山地或丘陵地区的马尾松+阔叶混交林培育
6	杉木+阔叶混交林单株木择伐作业法	适用于亚热带山地或丘陵地区的杉木+阔叶混交林培育
7	其他阔叶树单株木择伐作业法	适用于亚热带山地或丘陵地区的阔叶混交林培育

③群团状择伐作业法。适用于多功能经营的兼用林,也适用于集约经营的人工混交林,是培育恒续林的传统作业法,广东省共细分 5 种森林作业法(表 3-13)。该作业法以收获林木的树种类型或胸径为主要采伐作业参数,群团状采伐利用符合要求的林木,形成林窗,促进保留木生长和林下天然更新,结合群团状补植等措施,建成具有不同年龄阶段的更新幼树到百年以上成熟林木的异龄复层混交林。该作业法适用于坡度小于 15 度以下的山地或者平缓地区森林,以较低的经营强度培育珍贵硬阔叶树种和大径级高价值用材,兼具涵养水源、维持生物多样性、提供生态文化服务等生态功能。

表 3-13 群团状择伐作业法适用表

序号	作业法名称	适用条件
1	速生桉混交林群团状择伐作业法	适用于亚热带平原或平缓地区的速生桉混交林培育
2	马尾松混交林群团状择伐作业法	适用于亚热带平原或平缓地区的马尾松混交林培育
3	杉木混交林群团状择伐作业法	适用于亚热带平原或平缓地区的杉木混交林培育
4	珍贵树种混交林群团状择伐作业法	适用于亚热带平原或平缓地区的珍贵树种混交林培育
5	其他阔叶树种混交林群团状择伐作业法	适用于亚热带平原或平缓地区的阔叶混交林培育

④伞状渐伐作业法。适用于多功能经营的兼用林，特别是天然更新能力好的速生阔叶树种多功能兼用林，广东省共细分 2 种森林作业法（表 3-14）。该作业法是以培育相对同龄林，利用天然更新能力强的阔叶树种培育高品质木材的永续林经营体系。森林抚育以促进林木生长和天然更新为目标，通常由疏伐、下种伐、透光伐和除伐构成，使得林分中的更新幼树在上一代林木庇阴的环境下生长，有利于上方遮阴促进幼树高生长，提高了木材产品质量，同时保持森林恒续覆盖和木材持续利用。该作业法根据具体树种的特性和生长区的光热条件等可简化为 2~3 次抚育性采伐，构成一个"更新-生长-利用"的经营周期。

表 3-14 伞状渐伐作业法适用表

序号	作业法名称	适用条件
1	速生桉伞状渐伐作业法	适用于亚热带山地或丘陵地区的速生桉兼用林培育
2	其他阔叶树种伞状渐伐作业法	适用于亚热带山地或丘陵地区的阔叶混交林兼用林培育

⑤带状渐伐作业法。适用于多功能经营的兼用林，也适用于集约经营的人工纯林，广东省共细分 3 种森林作业法（表 3-15）。该作业法以条带状方式采伐成熟的林木，利用林隙或林缘效应实现种子传播更新，并提高光照来激发林木的天然更新能力，实现林分更新，是培育高品质林木的经营技术体系。该作业法的采伐作业以一个林隙或林带为核心向两侧扩大展开，每次采伐作业的带宽为 1~1.5 倍树高范围，通过持续采伐作业促进天然更新，形成渐进的带状分布同龄林。在立地条件适合的前提下，也可促进耐阴树种、中生树种和阳性树种在同一个林分内更新，形成多树种条带状混交的异龄林。

表 3-15 带状渐伐作业法适用表

序号	作业法名称	适用条件
1	马尾松纯林带状渐伐作业法	适用于亚热带平原或丘陵地区的马尾松纯林培育
2	杉木纯林带状渐伐作业法	适用于亚热带平原或丘陵地区的杉木纯林培育
3	阔叶树种纯林带状渐伐作业法	适用于亚热带平原或丘陵地区的阔叶树纯林培育

⑥镶嵌式皆伐作业法。适用于地势平坦、立地条件相对较好的区域，林产品生产为主导功能的兼用林；也适用于低山丘陵地区速生树种人工商品林。该作业法在一个经营单元内以块状镶嵌方式同时培育 2 个以上树种的同龄林，广东省共细分 6 种森林作业法（表 3-16）。每个树种培育过程与一般皆伐作业法大致相同。更新造林和主伐利用时，每次作业面积不超过 2 公顷。皆伐后采用不同的树种人工造林更新或人工促进天然更新恢复森林。该作业法的优点：一次采伐作业面积小，避免了对环境的负面影响，能保持森林景观稳定、维持特定的生态防护功能。

表 3-16　镶嵌式皆伐作业法适用表

序号	作业法名称	适用条件
1	速生桉-针叶树种混交用材林镶嵌式皆伐作业法	适用于亚热带低山丘陵速生桉-针叶树种混交林培育
2	杉木-马尾松用材林镶嵌式皆伐作业法	适用于亚热带低山丘陵杉木-马尾松人工林培育
3	马尾松-红锥等阔叶树用材林镶嵌式皆伐作业法	适用于亚热带低山丘陵马尾松-红锥等阔叶树种混交林培育
4	杉木-红锥阔叶树用材林镶嵌式皆伐作业法	适用于亚热带低山丘陵杉木-阔叶树混交林培育
5	其他阔叶树混交用材林镶嵌式皆伐作业法	适用于亚热带低山丘陵阔叶混交林培育
6	红锥等珍贵树种混交用材林镶嵌式皆伐作业法	适用于亚热带低山丘陵红锥等珍贵树种混交林培育

⑦一般皆伐作业法。适用于集约经营的商品林，广东省共细分 14 种森林作业法（表 3-17）。通过植苗或播种方式造林，幼林阶段采取割灌、除草、浇水、施肥等措施提高造林成活率和促进林木早期生长。幼、中龄林阶段根据林分生长状况，采取透光伐、疏伐、生长伐和卫生伐等抚育措施调整林分结构，促进林木快速生长。对达到轮伐期的林木短期内一次皆伐作业或者几乎全部伐光（可保留部分母树）。伐后采用人工造林更新或人工辅助天然更新恢复森林。针对现行普遍采用的皆伐作业法中存在的问题，为提升木材品质，该作业法可采取以下改进措施：延长轮伐期，提高主伐林木径级；增加抚育作业次数；减少主伐时皆伐的面积，从严控制每次皆伐连续作业面积；伐区周围要保留有一定面积的保留林地（缓冲林带），保留伐区内的珍贵树种、幼树幼苗。

表 3-17　一般皆伐作业法适用表

序号	作业法名称	适用条件
1	速生桉人工林中小径材皆伐作业法	适用于亚热带平原或丘陵地区的速生桉纯林培育
2	马尾松人工林中小径材皆伐作业法	适用于亚热带丘陵或低山地区的马尾松纯林培育
3	杉木人工林中小径材皆伐作业法	适用于亚热带丘陵或低山地区的杉木纯林培育
4	国外松人工林中小径材皆伐作业法	适用于亚热带丘陵或低山地区的国外松纯林培育
5	黧蒴人工林中小径材皆伐作业法	适用于亚热带丘陵或低山地区的黧蒴林培育
6	南洋楹人工林中小径材皆伐作业法	适用于亚热带丘陵或低山地区的南洋楹纯林培育
7	速生相思人工林中小径材皆伐作业法	适用于亚热带丘陵或低山地区的速生相思林培育
8	速生桉人工林大径材皆伐作业法	适用于亚热带丘陵或低山地区的速生桉纯林培育
9	马尾松人工林大径材皆伐作业法	适用于亚热带丘陵或低山地区的马尾松纯林培育
10	杉木人工林大径材皆伐作业法	适用于亚热带丘陵或低山地区的杉木纯林培育
11	国外松人工林大径材皆伐作业法	适用于亚热带丘陵或低山地区的国外松纯林培育

(续)

序号	作业法名称	适用条件
12	南洋楹人工林大径材皆伐作业法	适用于亚热带丘陵或低山地区的南洋楹纯林培育
13	速生相思人工林大径材皆伐作业法	适用于亚热带丘陵或低山地区的速生相思林培育
14	其他阔叶树人工林大径材皆伐作业法	适用于亚热带丘陵或山地的阔叶纯林培育

⑧经济林经营作业法。适用于集约经营的商品林和多功能经营的兼用林，主要在经济林中实施，广东省共细分7种作业法（表3-18）。通过植苗方式造林，幼林阶段采取割灌、除草、浇水、施肥等措施提高造林成活率和促进苗木早期生长。幼、中龄林阶段采取整形修枝，防治病虫害等措施，注意水肥管理。该作业法一般不进行采伐，只是以收获果实（茶叶）为主。

表3-18 经济林经营作业法适用表

序号	作业法名称	适用条件
1	油茶高产经营作业法	适用于集约经营的油茶林
2	荔枝高产经营作业法	适用于集约经营的荔枝林
3	龙眼高产经营作业法	适用于集约经营的龙眼林
4	沙田柚高产经营作业法	适用于集约经营的沙田柚林
5	砂糖橘高产经营作业法	适用于集约经营的砂糖橘林
6	茶叶高产经营作业法	适用于集约经营的茶林
7	其他特色经济林高产经营作业法	适用于集约经营的其他经济林

上述森林作业法中涉及的造林、抚育、改造、采伐、更新造林等具体的技术措施和技术要求，按照《造林技术规程》（GB/T 15776—2016）、《森林抚育规程》（GB/T 15781—2015）、《低效林改造技术规程》（LY/T 1690—2007）、《森林采伐作业规程》（LY/T 1646—2005）、《生态公益林建设技术规程》（GB/T 18337.3—2001）、《国家级公益林管理办法》、《森林经营技术规程》（DB21/T 706—2013）等执行。

3.4.3 编制程序

（1）规划前期准备

规划前期应做好以下组织准备工作，如成立规划编制领导小组和编制工作组，落实工作经费，制定相应的工作方案和技术方案，开展必要的调研和技术培训。做好资料收集，包括经营范围界线、最新的森林资源规划设计调查成果、公益林区划落界成果、天然林落界成果、森林资源一张图更新成果、营造林档案成果、其他相关专项规划成果。利用最新的森林资源现状图和遥感影像图制作规划底图。根据上述资料，依法依规地将森林资源数据库变更到基准年，形成规划基数。如果森林资源规划设计调查成果为基准年当年或前一年调查的，可以直接作为规划基数。

（2）森林经营分析评价

通过对森林覆盖率、森林蓄积量、森林抚育面积、退化林修复面积、每公顷乔木林蓄积量和年均生长量、树种组成等反映森林资源数量、质量、结构以及变化情况的指标，以及管理制度、经营技术、人才队伍等方面分析，客观评价森林资源状况及经营水平。通过对气候、地貌、土壤、水文、植被资源、自然灾害等自然条件和人口、土地利用、产业发展、林道等基础设施、相关政策等社会经济条件，以及森林技术研究、相关科研成果转化和推广等技术条件进行分析，分析森林经营的有利条件和制约因素。以经济社会发展预期为基础，按照省级规划的任务，结合历年森林经营情况，分析规划期内经济社会发展和区域生态文明建设对森林生态保护调节、生态文化服务、生态系统支持和林产品供给四大功能的需求。在上述分析的基础上，归纳总结县域森林资源的特点、森林经营的特色、存在问题及原因，提出森林经营规划应解决的重大问题、措施和建议。

（3）森林经营分区

在省级森林经营分区控制下，依据森林主导功能，考虑当地的功能需求和森林资源现状以及相关规划的衔接，分析立地条件和未来的发展方向，采用异区异指标的主导因素法，将县域区划为若干个经营区。采用"区域位置+地貌特征+经营目标+经营区"的格式命名，如有多个经营目标，则按目标重要性排序。区划经营分区后，对各区的基本情况、突出问题、经营方向、经营策略及经营目标等进行重点分析。

（4）森林经营分类和经营措施落实

根据森林资源调查结果，依据森林起源、树种组成、近自然程度、林分特征和经营特征等，划分森林类型。

依据森林主导功能和经营目的，综合考虑森林类型、保护等级和立地条件等因素，在省级森林经营规划森林经营分类基础上，根据本地实际对县级森林经营分类适当细分，命名可参考"树种+林种""树种+林种+兼用林种""树种+经营目的+林种"格式。

根据县域特点、森林类型、主导功能、目的树种或树种组成特征等，从省级经营规划设计的森林作业法中，直接选取适宜本县的作业法并进行细化，或者适当增补满足本地经营特色要求的作业法，构建县域森林作业法体系，细化作业法技术，明确森林作业法与森林类型、森林经营分类、森林经营分区的对应关系。

（5）规划成果编制

规划成果包括规划文本、编制说明、成果统计表、规划图件、专题研究报告、森林经营规划数据库等。规划文本应包括前言、基本情况分析、森林资源现状与经营评价、森林经营条件分析、指导原则和规划目标、森林类型划分与森林经营分类、森林作业法设计、森林经营分区、建设规模和投资估算、效益评价等内容。县级森林经营规划落实国家和省级森林经营规划提出的各项指标分解值，主要规划目标指标共9个，包括森林覆盖率、森林蓄积量、每公顷乔木林蓄积量、每公顷乔木林年均生长量、混交林面积比例、森林植被总碳储量、森林主要生态服务价值、森林经营示范区每公顷乔木林蓄积量、森林经营示范区每公顷乔木林年均生长量。主要的规划图件包括森林资源现状分布图、林地质量等级图、森林类型、森林作业法、森林经营分类、森林经营区分布图等。规划编制过程中形成的专题调查或专题研究报告，主要包括森林经营规划基数转换专题研究报告、森林经营区区划专题研究报告、森林经营分类及作业法专题研究报告等。森林经营规划数据库包括行政与区划界线、小班矢量和属性数据、经营规划数据等。

(6) 规划成果论证与报批

规划成果应征求相关部门、有关专家以及森林经营主体的意见，对规划目标、森林经营分区、经营技术措施、建设规模和保障措施等进行重点论证。规划成果应报省级林业主管部门备案，县级森林经营档案数据库提交至省级林业主管部门汇总。

第 4 章

广东森林经营方案编制与执行

森林经营方案编制与执行制度是森林经营体系的核心组成部分之一。新《中华人民共和国森林法》为森林经营方案编制与执行制度的建立与实施奠定了坚实的法律基础，2006年国家林业局制定的《森林经营方案编制与实施纲要》为森林经营方案编制与执行制度提供了坚实的制度运行逻辑。森林经营主体要依据森林经营方案组织森林经营活动，即森林经营主体知道在一个经营期内干什么、为什么干、在哪里干、什么时候干等等。林业管理部门要依据森林经营方案的经营目标，检查和评定森林经营活动和经营效果等。森林经营方案确定的造林、抚育、采伐等森林经营任务通过年度作业设计具体执行，非木质资源经营、森林健康与保护、森林经营基础设施建设与维护等任务通过相应林业工程项目作业设计或实施方案具体执行，森林经营方案是森林质量精准提升的具体抓手(胡中洋，2020)。

4.1 发展历程及组成子系统

4.1.1 发展历程

森林经营方案编制具有悠久的历史。早在17~18世纪，欧洲逐渐开始形成森林经营计划的概念与实践，至今已有300年历史。法国1669年颁布的《柯尔柏法令》规定矮林及中林按轮伐期的年数分配面积进行区划轮伐，中林内上木的轮伐期比矮林的轮伐期(20~30年)要长2~4倍，并有采伐的计划及预算，这是森林经营方案的雏形。以后奥地利、德国也有类似森林经营方案形式的文件。美国直到1905年才由当时的林业局在各地编制大量的森林经营计划。我国编制森林经营方案的历史最早可追溯到20世纪30年代，1931年沈鹏飞先生等曾在广东省白云山模范林场编制了《森林施业案》，这是我国最早的森林施业案之一，总体而言，我国森林经营方案编制历史可以归纳为4个阶段：①20世纪50年代主要是依照苏联的模式，为适应当时大规模林业建设而编制的森林施业案；②20世纪60年代至70年代将施业案与林业局林场总体设计合并而成了森林经营利用设计方案，当时全国约有40%的林业局林场都编制了森林施业案；

③1985年《中华人民共和国森林法》的颁布明确了森林经营方案的性质，标志着森林经营方案成为推动我国森林永续利用的重要内容，随后林业部（现国家林业和草原局）印发了《国营林业局（场）森林经营方案编制办法》与《集体林区森林经营方案编制原则意见》等文件，指导全国90%以上的国有林业局林场和60%以上的集体林区（县）编制了森林经营方案；④近年来，随着我国林业分类经营、森林采伐管理以及集体林权制度改革等的不断深入，以及林业建设由以木材利用为中心向以生态建设为中心的转变，森林经营活动需要从资源利用、保护与生态修复等方面统筹考虑，自2006年开始，国家林业和草原局先后出台《关于印发〈森林经营方案编制与实施纲要〉（试行）的通知》、《关于印发〈县级森林可持续经营规划编制指南〉（试行）的通知》、《森林经营方案编制与实施规范》（LY/T 2007—2012）、《简明森林经营方案编制技术规程》（LY/T 2008—2012）、《关于加快推进森林经营方案编制工作的通知》、《关于全面加强森林经营工作的意见》、《关于开展全国森林经营试点工作的通知》、《关于开展全国森林经营试点工作的通知》、《关于下达2020年度全国森林经营重点试点单位任务的通知》等一系列政策文件和行业标准。由此可见，我国森林经营方案编制与实施进入新的历史征程。

4.1.2 组成子系统

从系统过程看，森林经营方案编制与执行过程紧紧围绕森林经营方案这一核心内容，分别由森林经营方案编制、森林经营方案执行反馈和森林经营方案执行评估三个子系统过程组成（图4-1）。森林经营方案编制过程（图4-1上部分）对森林经营管理进行全局性谋划，最终以编制出森林经营方案为标志。森林经营方案执行反馈过程（图4-1下部右侧部分）和森林经营方案执行评估过程（图4-1下部左侧部分）是森林经营的组织、协调和控制。森林经营方案执行反馈过程和森林经营方案评估过程则分别从森林经营单位内部保障和外部监督两个方面保证森林经营方案所设定的经营目标与森林经营单位的内部条件和外部环境之间动态统一，不断逼近森林经营目标。

森林经营方案编制、森林经营方案执行反馈和森林经营方案执行评估三个子系统过程之间存在复杂的耦合关系。

①森林经营方案编制是森林经营方案执行反馈过程和森林经营方案执行评估过程的基础和依据，其循环周期一般为5~10年。这一过程经历森林经营方案编制资格审查、森林经营方案编写和森林经营方案审批。

②森林经营方案执行反馈过程以森林经营方案为准则，通过年度目标分解、责任落实执行、绩效评定、森林资源分析和经济活动分析，形成森林经营过程的内部约束机制。这一过程每年循环一次。

③森林经营方案评估过程是森林经营单位的上级主管部门和社会对森林经营方案执行情况进行认可、鉴定、引导、监督和协调，形成森林经营方案实施的外部环境。这一过程可以在经营期内定期或不定期进行。

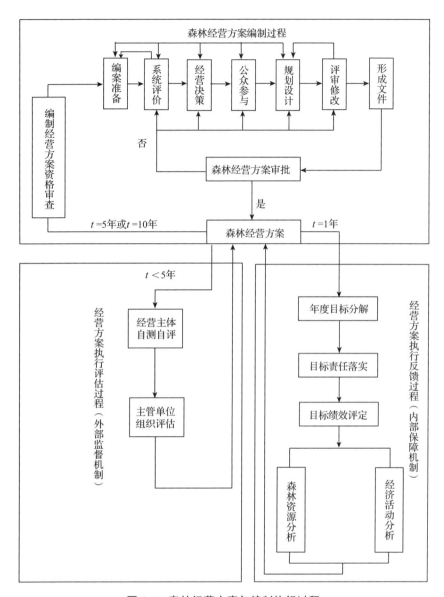

图 4-1 森林经营方案与编制执行过程

4.2 编制子系统

4.2.1 经营方案编制

4.2.1.1 编案目的

①深入贯彻落实习近平生态文明思想,推进广东省生态文明建设,践行"绿水青山就是金山银山"的发展理念。

②推动广东省林业由木材生产为主向以生态建设为主转变,更好地满足人民群众

对物质、生态和文化等方面的需求。

③优化森林资源结构，提高林地生产力和森林质量，维护森林生态系统健康稳定。

④严格执行森林采伐限额，规范森林资源培育、保护和利用行为，提高森林经营主体的森林经营能力与水平。

⑤提升林业管理部门的技术服务水平，为森林经营主体申报相关工程项目和投资计划提供技术依据。

4.2.1.2 编案原则

①坚持生态优先，可持续经营。坚持生态优先、保护优先、保育结合、可持续发展的原则，科学培育、保护和利用森林资源，实现林业可持续发展。

②坚持分类经营，分区施策。遵循分类指导、多目标经营理念，对公益林和商品林实行分类经营管理，重点突出森林主导功能，发挥森林生态效益。

③坚持规划引领，统筹协调。建立科学有效的森林经营方案制度体系，科学布局，增强与当地国民经济和社会发展等相关规划的协调衔接。

④坚持政府主导，多方参与。明确政府主体责任，部门分工协作、权责明确，引导各类编案单位积极参与，充分调动编案单位的积极性。

4.2.1.3 编案类型

编案单位是指拥有森林资源资产的所有权或经营权、处置权，经营界限明确，产权明晰，有一定经营规模和相对稳定的经营期限，能自主决策和实施森林经营，为满足森林经营需求而直接参与经济活动的森林经营主体、经济实体，包括国有林业局(场、圃)、自然保护区、森林公园、集体林场、非公有制森林经营主体等。根据广东省实际情况，按编案单位性质、规模等因素将编案单位分为两类：一类包括国有林场、各类自然保护地；二类包括非公有森林经营主体、乡村集体林(表4-1)。

表4-1 广东省森林经营方案编制单位类型

编案单位类型	编案类型	编案主体	编案特点
一类编案单位	森林经营方案	国有林场	国有林场所经营的国有森林，集约程度相对较高，森林经营目标应实现经济、生态和社会三大效益最大化，按分类经营的原则，提出公益林和商品林经营措施，编制森林经营方案
		自然保护地	国家公园、自然保护区、自然公园等自然保护地所经营的各类自然保护区林或风景林，森林经营目标应实现生态和社会效益最大化，按自然保护地体系构建要求编制森林经营方案
二类编案单位	简明森林经营方案	非公有制森林经营主体	经营短轮伐期用材林面积规模达到667公顷以上的非公有制森林经营主体，集约程度较高，经营灵活性强，主要以获得经济效益为主要目标，编制程序、内容和方法可简化，经营措施要按年度落实到具体经营小班，操作性较强
		乡村集体林	森林经营主体包括规模较小、没有固定经济组织形式的森林经营主体，如个体经营者、家庭、联合农户等。经营地域分散，经营灵活性强，经营目标主要以获得经济效益为主，经营措施要落实到具体经营小班，可进行施工作业

4.2.1.4 编案内容

根据国家林业局《森林经营方案编制与实施纲要》《森林经营方案编制技术规程》《简明森林经营方案编制技术规程》《县级森林经营规划编制指南》《关于国有林场森林经营方案编制和实施工作的指导意见》《广东省林业局关于开展森林经营方案编制(修编)工作的通知》等文件要求,结合广东省的地域特色,森林经营方案内容一般包括编案单位基本情况、森林资源与经营评价、森林经营方针与目标、森林功能区划与经营类型、森林经营措施、非木质资源经营、森林健康与生物多样性保护、基础设施与经营能力建设、投资估算与效益分析、保障措施等内容;简明森林经营方案可免编非木质资源经营、保障措施等内容(表4-2)。各编案单位根据实际情况增加森林生态旅游、森林生态文化等内容。

表4-2 不同类型森林经营方案编制内容基本要求

序号	项目类型	森林经营方案	简明森林经营方案
1	编案单位基本情况	√	√
2	森林资源与经营评价	√	√
3	森林经营方针与目标	√	√
4	森林功能区划与经营类型	√	√
5	森林经营措施	√	√
6	非木质资源经营	√	—
7	森林生态旅游	○	—
8	森林生态文化	○	—
9	森林健康与生物多样性保护	√	○
10	基础设施与经营能力建设	√	基础设施建设
11	重点工程建设	○	○
12	投资估算与效益分析	√	√
13	保障措施	√	—

注:"√"为必须编制的内容;"○"为可以选编的内容;"—"为可以免编的内容。

4.2.1.5 编案广度与深度

依据编案单位的森林资源状况、经营管理水平、生产条件、社会经济状况以及主要经营目标等确定方案编制的广度与深度,至少应达到以下要求:

①方案编制应围绕经营目标以森林生态恢复、优化和多目标经营为重点。

②经营期为10年的方案,森林经营任务前5年应分解到年度和作业小班,后5年分解到年度。经营期为5年的森林经营任务应分解到年度和作业小班。

③森林经营类型、经营措施类型和森林作业法应落实到小班,同时区分公益林与商品林的经营措施。

④森林健康与生物多样性保护、森林经营基础设施能力建设、森林生态文化建设、非木质资源多种经营及重点工程等内容一般只进行宏观规划。

4.2.1.6 编案程序

森林经营编案有以下程序:

(1)编案准备

主要包括组织准备、技术准备、资料和数据收集及补充调查等内容。

(2)系统评价

对经营范围内的森林资源现状、经营环境、经营需求等进行系统分析,明确现存问题及经营对策。

(3)经营决策

在分析评价的基础上,确定经营方针、目标、主要任务及重点建设内容。

(4)公众参与

广泛征求管理部门、编案单位和其他相关者的意见,以征求意见后的最佳方案作为方案设计的依据。

(5)方案编制

在最佳策略控制下,进行森林经营设计,编写经营方案文本和制作方案图表。

(6)征求意见

将编制完成的森林经营方案初稿交给森林经营主体上级主管部门相关人员征求意见,并结合有关意见进行修改完善。

(7)评审上报

森林经营方案编制成果经专家论证、评审修改后,由隶属林业行政主管部门审批或审核上报。

(8)方案审批

省属及跨地(市)编案单位的森林经营方案,报省级以上林业主管部门审批;市属及跨县(区)编案单位的森林经营方案,报市级林业主管部门审批;其他森林经营方案,按隶属关系,报相应林业主管部门审批。

(9)方案实施与修订

编案单位应严格按照森林经营方案组织实施造林、抚育、采伐等一系列生产经营活动。森林经营期内,因内部条件和经营环境发生变化致使森林经营方案与实际不符时,应对森林经营方案进行修订。如不涉及经营目标、森林功能区划、采伐利用规划等内容调整时,可对森林经营方案细微修订,报原森林经营方案批准部门备案;如果涉及经营方针与目标、森林功能区划、采伐利用规划等内容调整时，应对森林经营方案进行重新修编，并报原森林经营方案批准部门重新批复。

4.2.2 经营方案审批

森林经营方案审批是森林经营方案编制与执行的关键环节，对把关方案编制质量，确保其具有科学性和可操作性，保障方案落地执行具有重要的意义。

4.2.2.1 审批方式

根据《国家林业局关于印发〈森林经营方案编制与实施纲要〉(试行)的通知》的要求，广东省森林经营方案实行分级、分类审批和备案制度。其中，一类编案单位的经营方案由隶属林业主管部门审批并备案；二类编案单位的森林经营方案由所在地县级以上林业主管部门审批并备案；三类编案单位的经营方案由省级林业主管部门审批并备案。

4.2.2.2 审批内容

(1) 基础数据的准确性检查

①检查方法：基础数据准确性的检查方法主要包括计算机自动检查和人工检查相结合的办法。计算机自动检查即利用数据库技术，对小班属性数据的逻辑关系进行计算机自动检查，将调查因子属性数据存在逻辑错误的记录进行标注，反馈给被检单位，逐一查看和修改。人工检查是指上述方法难以实现的数据检查，如与专题资料对比检查等，进行人工检查。②检查内容与标准：一是基础数据来源的可靠性。包括以上年森林资源管理"一张图"年度更新数据作为编案基础数据；现有基础数据和资料不能满足森林经营方案编制时须进行补充调查。二是成果齐备性检查。要求成果材料齐全、完整，文件规范，说明齐全。三是小班和属性数据关联性检查。要求矢量小班数据与属性库关联。四是属性数据逻辑检查符合相关要求，包括属性数据完整性检查，即规定必填因子项不能为空值或出现错误；属性数据正确性检查，即重点检查林地、林木等属性数据的正确性；属性数据逻辑关系检查，即属性数据之间不存在逻辑错误。五是森林资源统计表。包括统计表和统计项目齐全；各统计表数字准确无误；各统计表统计格式规范。

(2) 与其他规划的衔接

森林经营方案是关于森林资源培育、保护和利用的中长期规划，这一性质表明森林经营方案涉及森林从起始到终止的全过程，也不可避免地与其他规划的内容有着千丝万缕的联系。因此，在编制过程中要注意与其他规划的协调衔接，主要包括林业发展规划、林地保护利用规划、天然林保护利用规划、森林经营规划、森林防火规划、林业有害生物防治规划等专题规划资料。

(3) 方案内容的科学性和可操作性

科学性和可操作性是森林经营方案得以执行落地的前提条件，也是方案审定的重点内容。审定过程中需要分析编案依据、经营方针与目标、经营类型组织、森林经营技术措施、年度森林经营任务安排、森林健康和生物多样性维护、投资估算和资金安排、效益分析评价等内容是否科学可行，重点分析制定的各项森林经营措施是否符合林场实际以及森林经营各项规程，如造林、抚育、采伐、低产低效林改造等的要求。

(4) 提交材料的完整性和规范性

除内容审定外，需对森林经营体提交方案材料的完整性和规范性进行审查。完整性要求提交材料包括方案文本、附表、附图、附件及小班数据库；规范性审查主要对编制方案的程序及提交材料的格式进行审核。

4.2.2.3 审批程序

森林经营方案目前没有明确统一的审批流程，建议遵循以下流程：征求意见、专家评审、审批备案、发文批准。

(1) 征求意见

方案审批部门要组织本单位资源、计财、营造林、防火、有害生物防治、天然林保护等部门，就森林经营方案主要内容征求意见。征求意见的重点为森林经营方案与林业发展规划、林地保护利用规划、森林经营规划、相关重点工程规划等材料是否衔接。形成的书面意见要反馈给编案单位，编案单位要根据书面意见对森林经营方案进行完善。同时，将公众意见采纳情况作为附件材料和专家评审环节的评审参考资料。

(2) 专家评审

专家评审可采用专家评审会或函审的形式，评审专家应当涵盖森林经理、森林培育等相关领域。专家评审的重点内容包括编案依据、经营方针与目标、经营类型组织、森林经营技术措施、年度森林经营任务安排、森林健康和生物多样性维护、投资估算和资金安排、效益分析评价等是否科学合理。专家评审应当形成评审意见并作为方案审核上报的附件材料，方案没有通过的，由方案审批部门督促编案单位进一步修改完善，并重新申报。

(3) 审批备案

经过征求意见、专家评审并修改完善的方案报审批部门进行审批并备案。上报材料包括：①编制成果材料包括文本、附表、附图、附件及小班数据库；②征求意见的人员名单、书面意见或者会议纪要；③专家评审的人员名单、评审意见。

(4) 发文公布

审批通过后的森林经营方案由审批部门发文公布后方可实施。

4.3 内部保障机制子系统

森林经营方案编制与执行的内部保障机制是指森林经营主体为保证森林经营方案编制实施并取得预期效果，由内部机制安排、制度建立和营运过程的协调等部分组成的系统运行的关系及方式。内部保障机制子系统旨在保证编制过程的合理性、合规性和合法性，有效地执行实施，并根据森林经营过程的内部条件或外部环境变化合理修订森林经营方案，获得森林经营方案所预期的效益。

4.3.1 编制过程的保障机制

森林经营方案质量优劣对森林经营主体的影响极为深远。建立森林经营方案编制过程的保障机制的目的就是编制出合格的森林经营方案。

(1) 清晰基本情况

首先明晰的产权关系对于保障森林经营主体的权益、资源配置的效率和经营稳定性至关重要。其次是森林资源要详实、准确，包括及时更新的森林资源档案、近期森林资源二类调查成果、专业技术档案等。最后，森林经营主体应具备执行森林经营方案的能力。

(2) 多方参与制度

编案单位的所有者、管理人员、职工代表是决策的主体，是森林经营方案的实施者，也是森林经营最大的受益者，他们的态度和意志将决定森林经营方案是否能够实施和实施的效果。因此，编制森林经营方案应采取(公众)多方参与的方式进行，在不同层面上，充分考虑编案单位人员和其他利益相关者的生存与发展需求，保障其在森林经营管理中的知情权和参与权，使公众参与式管理制度化。邀请专家参与有利于发挥专家的才智，使森林经营方案更加完善；广泛征求管理部门、森林经营主体和其他利益相关者的意见。

(3) 方案审批制度

森林经营方案编制完毕应呈交上级主管部门审批、认可和备案。森林经营方案实行分级、分类审批和备案制度。

4.3.2 执行过程的保障机制

(1) 经营方式择配

任何一个经济实体的经营管理活动，都必须根据内部和外部的实际情况选择适当的经营方式，才能最大限度地调动职工的劳动积极性，达到最佳的经济效果。经营方式的选择同所有制形式、企业规模、专业化程度等密切相关，最终由生产力的发展水平决定。同一种所有制形式下的经济实体可以采取多种经营方式，不同所有制形式的经济实体之间也可以通过联营形式采取相同的经营方式。

(2) 体制安排及人员配备

体制的安排首先是机构设置，涉及管理的幅度、层次、功能和权力配置；其次是机构内岗位的安排与相应职责；第三，就是机构内各部门之间的运作与协调。①组织工作。组织结构的合理性对于森林经营方案的编制与执行至关重要，直接影响森林经营方案的效果与效率。②管理的幅度设计。组织结构包括层次结构和部门结构。管理幅度指一个管理者能够直接管辖的人员数目；超过这个数目，管理就低效甚至无效，要实施有效的管理，需要组织层次化。③组织层次设计。管理幅度是有限的，如果被管理的下属超过管理幅度时，就需要划分组织层次——组织管理的各级机构。组织层次与管理幅度成反比，与管理规模成正比，在管理规模一定的情况下，组织层次仅与管理幅度相关。④人员配备。人员配备是依据"因事设岗，按岗求人，因事授权，事权统一"的原则，确定职位和职务，选择合适人选。即根据经营目标，确定业务性质和业务量，确定所需岗位数，确定适合这些岗位的人的素质要求和人数。

(3) 规章制度建设

森林经营主体的体制安排和组织运作必须有健全的规章制度。除国家或行政主管部门颁布的规章制度外，森林经营主体内部的规章制度的繁简要视乎森林经营主体管理的复杂程度而定，因而，受森林经营主体的经营规模、经营方式、经营门类和涉及的利益相关者多寡等因素的影响。除经营规模小、经营方式简单、经营门类少或单一(例如，仅经营培植业：单一树种用材林)和涉及的利益相关者很少外，一般而言，应该包括以下规章制度：①股份制企业或合作社章程；②人力资源管理制度；③劳动管理制度(考勤、考核与激励机制)；④分配和员工福利制度；⑤财务管理制度；⑥参与监督制度(监事会、职工大会)；⑦合同和档案管理制度；⑧森林资源培育、保护、利用和监测等技术规程。

(4) 实施评价机制

按照《森林经营方案编制与实施纲要》要求，"编案单位为森林经营方案的实施主体，应严格按照森林经营方案规划设计的各项任务和年度安排制定年度计划，编制作业设计，组织并开展各项经营活动"。森林经营方案实施机制由年度目标分解、目标责任落实、目标绩效评定、森林资源分析和经济活动分析5部分组成。

4.3.3 反馈与调整(修订)过程保障机制

森林经营方案编制过程是系统组织、设计的过程，编制森林经营方案是一个经过严密组织构建的系统。实施森林经营方案就成为控制系统运作过程——控制过程，即控制系统信息反馈过程。

(1) 负反馈

森林经营方案实施过程是遵循既定的策略和对策，朝既定目标逼近的过程。森林经营方案制定是建立在当时对经营单位内部条件和外部环境的认识、判断和预测基础上。受森林经营方案编制者和决策者水平和能力限制，或者森林经营单位内部条件和外部环境突发性变化的干扰，难免出现不能达成预期目标的情况，这时，就需要比较确定实际结果与预期目标差距——偏差，分析产生偏差的原因，确定纠正或弱化偏差的策略和措施。按照控制论的原理，负反馈能重新建立起系统的稳定性，使输出趋近目标。

(2) 正反馈

森林经营方案实施过程正反馈的主要特点是以目标为准绳，检出偏差后查明原因，修正策略或措施。正反馈的基本前提是森林经营主体的内部条件和外部环境未发生根本性变化；偏差在阈值范围(允许范围内)；所定目标正确，无需修正。所有这些都提供了正反馈的信息：必须作出应变，调整或修改原森林经营方案相关的部分内容，避免损失，把握发展机会。

(3) 实施过程反馈的原则性与指导性

严格以目标为准绳，沿着森林经营方案设定的轨道经营森林是原则性；根据内部条件和外部环境已经超出预期的变化，或者认识水平提高，对原目标或"轨道"作出调整修正，这是灵活性。原则性和灵活性的结合，才能使森林经营方案实施—反馈过程始终保持其导向地位。

(4) 方案调整与修订

根据森林经营方案实施过程反馈的信息，可能要进行负反馈或正反馈。进行负反馈前提是不需要修正目标，仅需要调整年度计划和生产安排，就可以修正偏差；而进行正反馈基本前提是尽管需要修正目标，采取新的策略和对策，森林经营方案仍未需要重新编制。

4.4 外部保障机制子系统

外部保障机制则是指通过营造有利于森林可持续经营的外部环境，为森林经营方案的编制和实施创造理想的外部条件。森林经营方案编制与实施的外部保障机制子系统主要包括：使森林经营有法可依的完善森林经营政策与法规；对能促进森林经营水平提高的森林经营的标准与规程；解决制约森林经营资金瓶颈的林业融资机制和抵御林业多风险的保险制度；建立促进森林可持续经营的外部监督机制。

4.4.1 森林经营政策与法规

林业政策是国家政策的一种,主要根据各国的自然、经济条件、森林资源状况、国民经济发展状况及林业在国家中的地位和作用等制定,体现了社会对林业的要求,具有时代性。现阶段我国林业政策包括林业可持续发展、森林分类经营、以明晰森林、林地、林木权属为核心的集体林权改革、森林采伐政策、木材综合利用、发展城市林业和科教兴林等内容。同时,为了促进森林经营和林业可持续发展,广东以国家有关法律规章为依据,根据省情林情特点,进一步细化与明确而制定了一系列涵盖商品林和生态公益林,涵盖森林经营不同环节、不同内容的地方性林业法规和林业规章。与森林经营有关的林业法规和规章包括《广东省野生动物保护管理条例》《广东省木材经营加工运输管理办法》《广东省森林公园管理条例》《广东省林业局关于林地林木流转管理的实施办法》《广东省封山育林条例》《广东省森林植被恢复费省统筹资金管理办法》《广东省生态公益林效益补偿资金管理办法》《广东省湿地保护条例》《广东省森林保护管理条例》《广东省森林防火管理规定》《广东省林地管理办法》和《广东省生态公益林调整管理办法(试行)》等,是编制森林经营方案的依据。

4.4.2 森林经营标准与规程

森林经营方案作为森林经营的依据。在方案编制时,必须了解、体现和落实森林经营的有关技术标准、管理规范。国家标准、行业标准和地方标准是森林经营标准体系的核心部分,涉及森林经营中森林培育(种子生产、苗木培育、造林营造、抚育管理)、森林保护、森林采伐、森林调查等环节。最新版本的《造林技术规程》(GB/T 15776—2016)、《造林作业设计规程》(LY/T 1607—2003)、《森林抚育技术规程》(GB/T 15781—2015)、《森林资源规划设计调查技术规程》(GB/T 26424—2010)、《低产用材林改造技术规程》(LY/T 1560—1999)、《森林采伐作业规程》(LY/T 1646—2005)和《林地分类》(LY/T 1812—2009)等都是森林经营方案编制和实施不可或缺的标准和依据。国家林业和草原局近年出台了《森林经营方案编制与实施纲要(试行)》《森林经营方案编制技术规程》《简明森林经营方案编制技术规程》等。广东省在国家林业和草原局关于森林经营方案编制的大框架下,出台《广东省森林经营方案编制与实施原则方案》《广东省国有林场森林经营方案编制工作方法(试行)》和《广东省非公有制工业原料林森林经营方案编制工作方法》等。

4.4.3 林业融资与森林保险制度

(1)林业融资

林业融资是指一切以林业发展为目的而开展的资金融通活动,其主体包括政府部门、林业组织、其他经济组织和居民等。为解决制约林业发展的资金问题，林业投融资的途径和对策包括：①建立公共财政对林业的投入保障机制。从林业的特点和分类经营政策，公共财政对商品林建设和林业产业建设等应该给予适当的政策扶持。公共财政应将林业重点生态工程建设、生态公益林建设、林业科教建设以及转移支付作为保障重点，优先安排。②建立林业投融资的市场化机制。通过建立林业中介组织，为开展公开、公平和公正的林业中介服务提供保障；探讨加快建立林业资本市场，优化资源配置，实现林业资本与林业产权交换，拓宽投融资渠道等。③健全和完善林业产权制度、林地和林木的产权流转制度、林业保险补贴等相关政策，为林业投融资创造良好环境。

(2) 森林保险制度

随着集体林权制度改革的进一步推进，更多森林经营者进入森林经营领域，这些经营者若仅要其依靠自身的能力，是难以承担经营林业的各种风险，成为各种社会力量进入林业领域的障碍之一。建立政策性森林保险制度可提高森林经营者抵御自然灾害能力，是保障我国林业快速、健康、可持续发展的迫切需求和必然趋势。发展政策性森林保险，扩大国家政策性保险保费补贴范围，建立森林保险风险补偿机制。

4.4.4 森林经营外部监督机制

森林的多效益、多功能，森林生态系统的复杂性决定了森林经营是一个复杂的系统工程，森林经营水平的提高不仅有赖于森林经营主体对内部人、财、物等资源的合理配置和集约化、精细化管理，还需建立完善有效的外部监督机制，对森林经营过程、森林经营效果进行监测与评估，使森林经营行为不仅能满足森林经营主体内部目标，还能符合区域和社会对森林多功能的需求。因此，森林经营方案的实施除了要建立起完善的森林经营方案执行反馈的内部约束机制之外，外部机制的建立与完善也是不可或缺的，即通过森林经营单位上级和社会对森林经营单位执行森林经营方案的情况进行认可、鉴定、引导和监督，形成森林经营方案的外部环境，建立起与内部机制相互呼应的外部机制，既对森林经营方案执行状况做出评价，又对方案执行过程中可能遇到的问题做出恰当估计，提出相应对策，推动森林经营单位沿着预期轨道前进。森林经营方案的外部监督机制由森林经营单位的上级机关、社会公众以及独立的第三方，如森林认证等共同构成。

(1) 检查评定

检查评定是对森林经营方案的实施过程、实施效果以及对未来森林经营可能产生的影响的认定、评价，是一个总结经验教训的过程，既包括对方案的执行状况的检查与评定，也包括对方案的编制是否符合经营单位实际的检查与评定，检查评定一般是在经营单位资源、经济双分析的基础上，再由主管部门依据一定的标准组织评估，可以在经营期内一年一次或定期开展,检查评定的结果是森林经营方案修订的依据,对推进森林经营水平的提高有积极正面作用。

(2)公众参与

在森林经营方案编制过程中引入公众参与机制,能有效化解方案编制过程中遇到的各种冲突,从而达到森林经营方案编制的合理、有效与可实施,打破林业部门独立完成编案的传统模式。公众通过一定的程序和途径参与到森林经营方案编制的决策活动中,可使相关的决策符合广大公众的切身利益,是解决森林经营方案编制与实施中不符合实际、不能有效实施的有效外部机制。

(3)森林认证

森林认证是一种运用市场机制来促进森林可持续经营,实现生态、社会和经济目标的工具。提高森林经营水平,实现森林的可持续经营是开展森林认证两大目的之一。森林认证被认为具有环境、社会和经济三大效益。

第 5 章

广东森林经营成效监测与评估

森林经营是一个长期的过程，对各种经营模式的实施过程和效果进行监测和评价，是不断修正和完善森林经营方案的重要依据，也是保证森林可持续经营的重要环节。森林经营成效监测与评估会因为监测评价目的不同，监测评价指标和方法也有所区别。

5.1 经营成效监测

5.1.1 监测目的

围绕既定的森林经营目标，通过明确监测内容、制定技术方法、开展监测活动，精准掌握森林经营主体的森林资源的数量、质量和变化趋势，以及森林生态状况的现状和动态变化。

5.1.2 监测原则

森林经营成效监测必须依据森林经营规划和森林经营方案的内容，结合森林经营主体的实际经营情况，总体上应遵循以下原则：

(1) 科学性原则

建立的监测指标必须使用最佳、可用的科学信息，指标的含义清晰，指标的测算方法合理有效，评价结果能科学、客观地反映出森林经营成效。

(2) 简明性原则

从实际林情出发，在保证评价结果客观准确的前提下，监测指标既要考虑到全面反映森林经营主体森林经营活动的全过程，也要精简概括，优先选取容易监测并具有代表性的指标，舍弃不完整和难以统计的指标。

(3) 常态化原则

建立森林经营成效监测常态化工作机制，充分利用现有的森林资源调查和森林生态系统定位监测成果，便于开展定期常态化监测。

5.1.3 监测内容

监测内容主要包括林木林地资源、非木质林产品资源、野生动植物资源、森林防火、林业有害生物、森林资源经营、森林生态文化、森林生态旅游、基础设施建设与管理，以及规章制度建设与管理等。

(1) 林木林地资源

林木的蓄积量与生长量是衡量森林可持续采伐量的基础信息，也是反映森林可持续经营的重要指标。森林经营成效监测体系中有关林木林地资源的监测指标主要包括林业用地面积、林木的总蓄积量、林地保有量、林木保有量、天然林面积、生态公益林面积、珍贵树种林和大径材林面积、树种组成、林木各龄层面积等（表5-1）。

表5-1 林木、林地资源监测重点与指标

监测内容	监测重点	监测指标
林木林地资源	(1) 年度经营目标完成情况； (2) 林地、林木数量增长情况； (3) 林分质量变化等	森林保有量、森林覆盖率、森林蓄积量、乔木林生物量、森林植被总碳储量、林种结构指数(公益林)、树种结构指数(混交林)、珍贵及大径材树种面积比例、林龄结构指数(成过熟林)、乔木林公顷蓄积量、乔木林公顷年均生长量、森林生态功能等级、森林景观等级、森林自然度、乡土树种使用率、天然林面积比例、森林类型多样性指数、古树名木保护率；林地保有量、林地利用率、退化土地综合治理率

(2) 非木质林产品资源

非木质林产品是依托森林资源环境，为满足人类生存发展而开发的一系列森林产品与服务。目前，开展非木质林产品经营主要是结合当地的气候条件和土壤类型种植一些经济林、特色产品或开发林下养殖项目，所以有关非木质林产品资源的监测指标主要有非木质林产品的种类、数量、年产值、经营面积等（表5-2）。

表5-2 非木质产品资源监测重点与指标

监测内容	监测重点	监测指标
非木质林产品资源	(1) 是否如期完成每年的经营目标； (2) 非木质林产品每年的产量； (3) 非木质林产品每年的经济收益	非木质林产品的种类、数量、年产值、经营面积

(3) 野生动植物资源

野生动植物资源是森林资源的重要组成部分，一般在编写经营方案时会统计经营区内野生动植物资源数据，并根据不同类别划定保护等级，提出相应的保护措施。因此，关于野生动植物资源的监测指标主要包括野生动植物的种类、数量、生长状况以及保护情况等（表5-3）。

表 5-3 野生动植物资源监测重点与指标

监测内容	监测重点	监测指标
野生动植物资源	（1）经营活动是否有利于野生动植物栖息地保护； （2）制定的野生动植物保护措施是否在实施； （3）野生植物的生长状况	野生动植物的种类、数量、生长状况，如野生动植物保护率、生物多样性等指标

（4）森林防火

在开展森林经营时需根据森林生态系统潜在的森林火灾风险，制定相应的森林防火措施，主要包括森林防火隔离带的清理维护、林道的清理改造、林下可燃物的清理以及森林消防装备的更新等，所以有关森林防火的监测指标主要包括每年的火灾发生率、火灾面积、林道清理面积、防火隔离带清理面积、林下可燃物清理面积等（表 5-4）。

表 5-4 森林防火监测重点与指标

监测内容	监测重点	监测指标
森林防火	（1）防火隔离带、林道和林下可燃物的清理是否每年都在进行； （2）森林火灾的发生率是否有所降低； （3）针对森林火灾制定的防火措施是否有效	每年的火灾发生率、火灾面积、防火隔离带清理面积、林道清理面积、林下可燃物清理面积等

（5）林业有害生物

森林病虫害的发生通常表现为暴发性、突发性和周期性等特点。森林病虫害的发生发展不仅与本身的生物学特性有关，还容易受到气候变化、森林结构调整及人类干扰活动的影响。林业有害生物的监测指标主要包括病虫害发生率、有害生物的种类、危害面积等因素的监测（表 5-5）。

表 5-5 林业有害生物监测重点与指标

监测内容	监测重点	监测指标
林业有害生物	（1）是否每年定期监测营林区内树木的健康状况； （2）林业有害生物的防治目标是否已经实现； （3）林业有害生物的发生率是否有所降低	病虫害发生率、有害生物的种类、危害面积等

（6）森林资源经营

森林资源经营会对森林环境和社会产生影响，所以需要开展相应的监测，以及时获取森林经营方案的实施效果，为修订森林经营方案和调整森林经营规划提供依据。森林资源经营的监测指标主要包括林木资源、重点工程与职工收入等（表 5-6）。

表 5-6 森林资源经营监测重点与指标

监测内容	监测重点	监测指标
林木资源	（1）是否按时完成每年的改造任务； （2）引进的树种是否能适应新的生态环境，适应情况	木材产值

(续)

监测内容	监测重点	监测指标
重点工程	(3)培育的种苗是否满足适地适树的条件； (4)种苗的成活率； (5)种苗的树种配置是否合理	林木苗圃建设、示范林建设
职工收入	(6)职工收入	职工人均年收入

(7)森林生态文化

森林生态文化是依托森林资源开发的供访客学习、体验和欣赏的森林文化活动。森林生态文化的监测指标主要有森林生态文化载体建设面积、自然教育受众数量和受众的满意度等(表5-7)。

表5-7 森林生态文化监测重点与指标

监测内容	监测重点	监测指标
森林生态文化	(1)森林生态文化载体建设规划实施情况； (2)每年接受自然教育的受众数量	森林生态文化载体建设面积、自然教育受众数量和受众的满意度等，包括科普教育活动、森林年生态服务价值等指标

(8)森林生态旅游

森林生态旅游是依托森林资源开发的供游客娱乐、度假和保健的森林游憩活动，能够增加林区的生态效益、社会效益和经济效益。森林生态旅游的监测指标主要有森林景观规划面积、游客的访问量和游客的满意度等(表5-8)。

表5-8 森林生态旅游监测重点与指标

监测内容	监测重点	监测指标
森林生态旅游	(1)森林景观规划实施情况； (2)每年的游客访问量； (3)森林生态旅游在乡村振兴中发挥的作用	森林景观规划面积、游客的访问量和游客的满意度，以及林场与周边社区关系等指标，森林生态旅游在乡村经济中的贡献率等

(9)基础设施建设与管理

基础设施建设是森林经营主体经营发展的保障。基础设施建设与管理的监测指标主要有基础设施建设、年度林业重点生态工程任务完成率、科普场所建设及科技支撑建设等(表5-9)。

表5-9 基础设施建设与管理监测重点与指标

监测内容	监测重点	监测指标
基础设施建设与管理	(1)林道、防火道路是否按期铺设； (2)数字无线网络是否全面覆盖； (3)应急调度指挥效能是否得到提升	年度林业基础设施建设任务完成率等

(10)规章制度建设与管理

森林经营管理规章制度是各项建设的制度保障,森林经营方案中对人员、组织等进行统一规划和科学合理布局,以期改善制度环境。规章制度建设与管理的监测指标主要包括管理机构、人才、制度、档案等(表5-10)。

表5-10 森林经营管理规章制度监测重点与指标

监测内容	监测重点	监测指标
森林经营管理规章制度	(1)管理机构是否合理设置、运行顺畅; (2)管理人才是否配置合理、充足; (3)管理制度是否健全、有效; (4)管理档案是否健全、管理有效	建立森林经营规划制度、构建森林经营技术体系、建立人才队伍等,森林资源建档率、森林经营管理机制创新等

5.1.4 监测技术与方法

5.1.4.1 监测技术

(1)遥感技术

遥感技术(RS)能快速地获取大范围的数据资料,以及获取信息的手段多、信息量大、受条件限制少等特点,应用遥感技术,以SPOT5卫星遥感数据作为主要信息源,辅以部分地面调查,快速准确地监测森林经营状况,掌握区域森林经营因子数量、质量、分布及其变化规律。遥感技术为森林经营提供数据源的形式:

①经过机器解译和人工目视修正后编制出的各种专题图。利用这些专题图,经过数字化处理,把所需要的信息输入到监测信息网络系统中。这些专题系列图的各专题要素因来自同一信息源,保证了时相和图幅位置配准,适合网络信息系统中进行多重信息的综合分析,从而派生出各专题监测数据及图件。

②遥感数据经识别处理直接进入监测信息系统数据库。这是遥感为监测网络信息系统提供数据的最理想方式。当遥感数据进入计算机后,经自动识别分类,编辑处理成专题图,然后进入信息系统,实现高效快速获取数据的目的。

(2)地理信息系统技术

地理信息系统(GIS)是20世纪60年代后期发展起来的,并引起世界各国广泛重视的新技术。地理信息系统在森林经营管理中的主要应用:

①监测数据科学管理。GIS方法将图形与数据库有机结合,使森林经营监测数据的管理和应用达到一个新的水平,从而实现对监测数据的科学管理。在进行监测数据查询方面,可通过对图形查询其相应的监测或统计数据(属性数据),获得所要求的监测数据;也可以通过属性查询相应的图元,获取适应某些条件要求的空间数据,查询结果可以以图形、统计表等方式表现。

②监测数据实时更新。在GIS中,地形图和属性数据库可以随时修改,从而当某一因子状态变化时,可对图形和属性及时同步更新,克服了过去只对属性数据进行更

新,而图形数据难以统一更新的情况。如对某些小班完成采伐后,可立即通过 GIS 对图件所代表的因子和属性数据库进行更新,将原来的林地变为采伐迹地。

③监测数据统计报表和图形输出。由于 GIS 将管理性数据库纳入作为属性数据库,所以经营因子数据库管理的功能仍存在,因此可以通过 GIS 完成经营因子数据的统计报表,同时还可以将相关的空间数据作为图件打印出来。

(3) 全球定位系统技术

全球定位系统(GPS)具有全球连续覆盖,导航定位精度高、速度快、抗干扰力强等优点,已在全球广泛应用。GPS 在森林经营监测中的具体应用包括定位、导航和面积测量等方面。GPS 还可为 GIS 及时采集、更新或修正数据。例如在外业调查中通过 GPS 定位得到的数据,输入电子地图或数据库,可对原有数据进行修正、核实、赋予专题图属性以生成专题图。

5.1.4.2 监测方法

(1) 资料收集法

通过收集与森林经营成效有关的文字、图表和报告总结等数据来获取监测指标的相关数据。如森林经营主体每年的森林抚育采伐计划、林道和防火步道建设的统计表、护林员的日常工作记录表等。

(2) 问卷调查法

开展森林经营活动所产生的社会、环境影响可以通过问卷调查的方法进行监测,主要是询问各利益相关者和周边社区民众对森林经营的满意度、建议与意见。森林经营活动中森林生态文化和森林生态旅游的监测也可以采用问卷调查的方法,调查游客访问量、游客的满意度等。

(3) 样地调查法

①固定样地法。固定样地调查法是进行森林资源清查最常用的方法,通过长期的固定样地监测,可以掌握该地区森林资源的动态变化情况。固定样地主要分为两类:一类是森林资源清查体系长期设立的固定样地,可以用来监测和记录林木的生长过程或者进行森林资源评估;另一类是非林木固定样地,主要用于开展经营区水源、水质、水土流失、土壤等项目的监测,一般采取在经营区内选取有代表性的样地进行周期性调查与监测。

②临时样地法。临时标准地是为满足临时调查需要能迅速提供资料而设置的,只进行一次调查。森林经营成效监测中关于森林火灾、林业有害生物、种苗规划、特有物种培育等都可以采用临时标准地调查法来进行调查与监测。临时样地的位置、大小与数量的选取应该根据森林经营成效需要监测的内容来确定。

(4) 实验室测定

森林经营成效监测中有关森林土壤、水质的变化,以及化学药品、农药的使用等指标,采用野外取样,然后在实验室进行测定。

5.1.4.3 监测频率

森林经营成效的监测频率是指每年的监测次数,由以下几方面因素来决定:

①林区生态系统的多样性和复杂性;
②林区森林经营的规模,主要包括营林面积、树种组成等;
③开展森林经营活动的次数;
④监测指标的类型。

根据森林经营的编制期限,建议监测频次为年度监测,经营期始末年可以根据实际需要进行适当调整。

5.1.4.4 监测流程

森林经营成效监测流程一般分为 4 个步骤:监测信息资源调查、核算资源成本、分析信息资源效益和综合评价(图 5-1)。

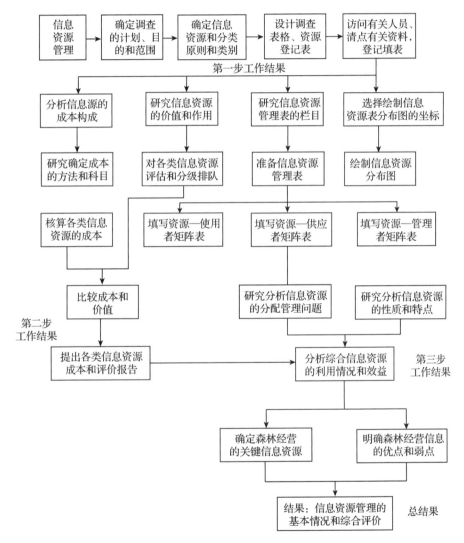

图 5-1 森林经营成效监测流程

5.1.4.5 统计分析

统计分析是指运用数理统计理论和各种分析方法以及与森林经营有关的知识，通过定量与定性相结合的方法进行的统计和分析活动，主要包括现状分析、变化分析和预测预警分析3个方面。

(1) 现状分析

现状分析的内容涉及森林经营的数量、质量、结构、属性、功能和空间分布等各个方面。分析的方法也很多，包括图表分析、回归分析、因子分析、相关分析等，其中图表分析法、回归分析法是对监测数据进行现状分析最常用的方法。

图表分析法主要用来直观分析监测目标变量与分类变量之间的相关性。常用的图表分析方法包括列联表分析、频数表分析、直方图分析等；回归分析按模型性质可分为线性回归、非线性回归两大类，再按变量个数又可分为一元回归、二元回归、多元回归等类型。

(2) 变化分析

变化分析强调的是多期监测数据在内涵、性质和空间上的可比性，要求有一一对应的动态数据。森林经营体系的建立，将通过多种整合手段，有效地消除数据之间的不可比性，在更大范围内运用多期数据进行对比分析，提供更具深度和广度的动态变化信息。变化分析就是依据过去到现在的调查或观测结果，判定是否发生变化，以及变化的方向和程度。

(3) 预测预警分析

预测分析是在多期对比分析的基础上，进一步运用模型预测技术和数据挖掘技术，分析监测对象变化的原因，预测其未来状态的过程。变化趋势分析应充分利用数据挖掘技术，同时结合时间序列预测、回归分析预测、趋势外推法等技术进行，从森林资源管理和生态建设状况评价的角度，应研究提出部分指标，并分别设定报警的阈值，从而可以根据预测分析结果及时进行预警。

5.1.5 监测计划实施

(1) 监测内容的制定

开展森林经营成效的监测首先要制定监测内容，结合实际情况和森林经营方案规划的经营目标以及森林经营主体的财政水平和人力资源水平，确定监测的内容、监测技术方法和监测频率。

(2) 监测人员的选择

由于森林经营成效监测所涉及的内容较多，建议由不同专业背景的相关人员来完成不同的调查工作，以保证数据获取的准确性与专业性，利于后期森林经营实践的不断调整。

(3) 监测结果的记录与保存

调查人员应使用事先设计好的专业表格进行监测结果的记录与保存，然后按照不同的监测类别和不同的调查时间分类别的进行归纳整理，以作为后期森林经营成效评估的依据。

(4) 监测结果的反馈

通过不同时期监测数据的对比，分析响应的变化以及变化的原因，评价森林经营的效果，及时发现森林经营实践中存在的问题，据此提出改进森林经营措施的建议，并及时反馈给森林经营主体进行森林经营方案修订，完善下一步的森林经营计划。

(5) 监测结果的公示

由森林经营主体本身或委托第三方撰写监测报告，并报送上级林业主管部门，作为其开展年度森林资源监测工作的重要数据基础。

5.2 经营成效评估

5.2.1 评估类型

森林经营评估是将森林经营的现状、动态、结构、分布、功能等，用一定的指标进行定性评估或定量评价，抽象提出森林资源及其生态系统的特征和发展规律，以及与社会经济发展、环境保护和生态建设之间的内在联系，为林业行政主管部门宏观决策、促进林业可持续发展及相关部门和社会公众等提供信息支持。森林经营成效的评估主要包括专项评估和综合评估。

5.2.1.1 专项评估

专项评估主要包括森林资源、野生动植物资源、灾害影响评价等3个部分。

(1) 森林资源评估

森林资源评估是森林经营体系中资源评价的首要任务，其目的是要通过对林地和林木资源的数量、质量、分布及其变化的分析，客观评价林业和生态建设成效，为加强森林资源的保护和发展提出建议。评估主要指标包括：森林覆盖率、森林面积、林地面积、林木总蓄积量、林分结构、生物多样性等。

(2) 野生动植物资源评估

开展野生动植物资源评价，就是要以野生动植物资源清查的现状和变化信息为基础，分析变化原因和发展趋势，为科学保护和合理利用提供重要依据。评价主要指标包括：野生动物种数、珍稀野生动物种类和多度、珍稀野生植物种类和数量、野生动植物的多样性指数、物种丰富度等。

(3) 灾害影响评估

除了对影响陆地生态系统的森林、湿地、荒漠等资源状况进行专题评价外，还需对森林火灾、病虫鼠害、沙尘暴、泥石流、海啸、飓风等各种自然灾害的影响进行评价，并客观评估森林植被抵御各种灾害的能力，为林业发展和生态建设服务。评价主要指标包括：森林火灾等级、病虫鼠害程度以及泥石流、塌方、洪涝灾害造成的损失等。

5.2.1.2 综合评估

综合评价主要包括森林效益和生态状况两大部分。

(1) 森林效益综合评估

森林效益是指森林为人类提供的功能和服务。森林效益具有多样性，一般归纳为森林的经济效益、生态效益和社会效益，统称为森林的综合效益。

①森林经济效益。是指能被人类开发利用变为经济形态的那部分森林效益。一般从林地价值、木材产品价值、薪炭材价值、鲜果干果产品价值、食用原料林产品价值、林化工业原料林产品价值、药用林产品价值、野生动物(水生、陆生)产品价值、林下资源产品价值和其他林副产品价值等方面进行评估。

②森林生态效益。一般从涵养水源价值、保育土壤价值、净化水质价值、固碳制氧价值、净化环境价值、保护生物多样性价值等方面进行评估。

③森林社会效益。是指森林为人类社会提供的除经济效益和生态效益以外的其他一切效益。社会效益是森林效益的重要组成部分，一般从森林提供的就业机会、森林游憩和森林的科学、文化、历史价值等方面进行评估。

(2) 生态状况综合评价

开展生态状况综合评价，分析影响生态状况的各种因子，评估生态建设成效，提出生态治理对策建议，为建立国土生态安全体系和绿色GDP核算体系等提供依据。评价主要指标包括：森林及其生态系统的健康与活力、对全球碳循环的贡献(如生物量、碳储量)，以及生态建设成效及其对改善整体生态状况的贡献等。

5.2.2 评估体系构建

5.2.2.1 构建原则

(1) 先进性原则

所建的体系应与森林可持续经营的目标一致，并且还具有一定的前瞻性和导向性，能通过对这些指标的分析引导森林资源逐步走上可持续发展的道路。

(2) 科学性原则

指标体系的指标要建立在科学的基础上，不仅要符合森林资源管理理论、木材生态系统理论和系统分析原理，而且能够反映宏观管理目标的内涵和目标实现的程度。

(3) 系统性原则

指标体系作为一个有机的整体，应该能够监测被评价系统的主要特征，从不同的角度全面反映森林生态系统的状况。

(4) 可行性原则

指标一定要具有可操作性和可比性,指标概念要清晰,易于理解,计算方法容易掌握,指标要尽可能利用现有可获得的统计资料,指标应易于测量和量化,所需资料数据易于收集和计算。

(5) 独立性原则

指标体系中各项指标应互不相关,彼此独立,不存在包含和交叉关系。

(6) 动态性原则

指标体系要考虑系统的动态状况,在时间和空间上具有一定的敏感性,不但要评价现状,还要考虑系统的发展趋势,系统的缓冲能力和应变能力。

(7) 稳定性原则

在考虑动态性的基础上,指标在一定时期内要尽量保持其相对的稳定,指标体系内容不宜变动过多或过于频繁。

5.2.2.2 评估指标体系

根据广东森林经营成效的特征、内涵和总体目标,设立了森林资源、森林健康、生态效益、经济效益、社会效益5个一级指标,设立了森林资源数量、森林资源质量、森林资源结构、森林资源健康、森林生态保护、国有经济发展、林场经营管理、林场社会发展及影响度等9个二级目标指标,包含49项具体指标(表5-11)。

表 5-11 广东森林经营成效评估指标体系

评估内容	评估标准	评估指标
森林资源 A1	森林资源数量目标 B1	林地保有量 C1
		森林保有量 C2
		森林覆盖率 C3
		森林蓄积量 C4
		乔木林生物量 C5
		森林植被总碳储量 C6
	森林资源结构目标 B2	林种结构指数(公益林)C7
		树种结构指数(混交林)C8
		珍贵及大径材树种面积比例 C9
		林龄结构指数(成过熟林)C10
	森林资源质量目标 B3	林地利用率 C11
		乔木林公顷蓄积量 C12
		乔木林公顷年均生长量 C13
		森林生态功能等级 C14
		森林景观等级 C15
		森林自然度 C16
		乡土树种使用率 C17
		退化土地综合治理率 C18

(续)

评估内容	评估标准	评估指标
森林健康 A2	森林资源健康目标 B4	森林火灾受害率 C19
		有害生物成灾率 C20
		森林健康度 C21
生态效益 A3	森林生态保护目标 B5	天然林面积比例 C22
		森林类型多样性指数 C23
		古树名木保护率 C24
		野生动植物保护率 C25
		生物多样性保护 C26
经济效益 A4	国有经济发展目标 B6	木材产值 C27
		非木质林产品产值 C28
		林下经济产值 C29
		森林旅游 C30
		森林年生态服务价值 C31
		职工人均收入 C32
		林木苗圃建设 C33
	林场经营管理目标 B7	建立森林经营规划制度 C34
		构建森林经营标准体系 C35
		构建森林经营技术体系 C36
		人才队伍建设 C37
		基础设施建设 C38
		年度林业重点生态工程任务完成率 C39
社会效益 A5	林场社会发展目标 B8	森林资源建档率 C40
		林场与周边社区关系 C41
		科普场所建设 C42
		科普教育活动 C43
		科技支撑建设 C44
		示范林建设 C45
		成效监测与评价 C46
		森林经营管理机制创新 C47
	影响度评价 B9	正面效应 C48
		负面影响 C49

5.2.2.3 评估指标权重确立

（1）权重确定方法——多准则决策分析法（MCDA）

采用多准则决策分析法确定森林经营成效评价指标体系中各标准和指标的权重及各指标实际状况，对国有林场森林经营成效评价。

在评价之前，要根据已有的经验知识对各个标准和指标的重要性进行等级排序。采用1~9标度方法对各标准和指标进行标度（表5-12），每个标准的相对权重可以基于利益相关者分配给决策元素的等级来计算。

假设在一定原则下，建立了含有 j 个标准的评价体系，则有 $j=(1, 2, 3, \cdots, j)$，

每个标准 j 下有 m 个指标，则有 $m=(1, 2, 3, \cdots, m)$，每个标准 j 下的 m 个指标则表示为 $\{I_{j1}, I_{j2}, I_{j3}, \cdots, I_{jm}\}$。

在确定标准和指标的重要性中，假设 k 个利益相关者对标准和指标的等级排序为标准 j 的重要性为 $(r_{j1}, r_{j2}, \cdots, r_{jk})$，标准 j 下的 m 指标重要性为 $(r_{jm1}, r_{jm2}, \cdots, r_{jmk})$，则标准 j 的相对权重 W_j 的结果公式如下：

$$W_j = \frac{\sum_k r_{jk}}{\sum_j \sum_k r_{jk}} \times 100 \tag{5-1}$$

标准 j 下的 m 指标的相对权重公式如下：

$$W_{jm} = \frac{\sum_k r_{jmk}}{\sum_m \sum_k r_{jmk}} \times 100 \tag{5-2}$$

表 5-12　权重确定中 1~9 标度法标度值的含义

标度	含义
1	弱重要性
3	稍微重要性
5	中等重要性
7	比较重要性
9	极为重要性
2, 4, 6, 8	处于相邻标度之间

采用加权评分法对于森林经营成效进行评价，这是一种检查和判断每个指标的目前状况相对于所达到的期望条件的悬殊以评估森林经营管理绩效的方法。在 MCDA 方法中，依然使用 1~9 标度法（表 5-13）来比较各个指标相对于某个期望条件的当前状态，对每个指标进行评价。

表 5-13　加权评分中 1~9 标度法标度值的含义

标度	含义
1	该指标相对于其期望条件处于差状态
3	该指标相对于其期望条件处于低于平均状态
5	该指标相对于其期望条件处于平均且可接受状态
7	该指标相对于其期望条件处于良好状态
9	该指标相对于其期望条件处于优秀状态
2, 4, 6, 8	处于相邻标度之间

通过使用加权评分法对林业局级森林经营方案实施效果进行评价，评价指标体系中标准 j 的总体绩效得分公式如下：

$$S_j = \sum_m W_{jm} \times S_{jm} \tag{5-3}$$

式中，W_{jm} 为指标 m 的估计相对权重值（见公式 5-2）；S_{jm} 为指标 m 的平均得分（W_{jm}

和 S_{jm} 均在标准 j 下）。

（2）权重检验方法——层次分析法

采用层次分析法对多准则决策分析法中所确定的指标的权重进行检验，当多准则决策分析法所确定的指标权重与层次分析法确定的指标权重的检验结果分布规律一致，则可最终确定森林经营成效评估体系中各项指标的权重，以确保此次森林经营成效评估结果有效，达到预期评价目的。层次分析法过程主要有以下4个步骤。

①建立层次分析模型。将建立的国有林场森林经营成效评价指标体系划分合理的层次，建立层次分析模型。

②构建判断矩阵。通过咨询专家意见，确定每个准则层中的每两个指标之间的相对重要程度。用 T. L. Saaty 给出的标度方法（表5-14）对各个层次的指标进行打分，构建判断矩阵。

表5-14　层次分析法中1~9标度法标度值的含义

标度	含义
1	两个因素相比，同等重要
3	两个因素相比，其中之一稍微重要
5	两个因素相比，其中之一明显重要
7	两个因素相比，其中之一非常重要
9	两个因素相比，其中之一极度重要
2，4，6，8	处于相邻标度之间

③权重排序。根据构建的判断矩阵计算出最大特征值 λ_{max}（公式5-4）及所对应的特征向量 W，得到各个指标的权重排序，公式如下。

$$\lambda_{max} = \sum_{i=1}^{n} \frac{(AW)_i}{nW_i} \tag{5-4}$$

④判断矩阵一致性检验：用公式(5-5)和公式(5-6)进行判断矩阵的一致性检验。

$$CR = \frac{CI}{RI} \tag{5-5}$$

$$CI = \frac{(\lambda_{max} - n)}{(n-1)} \tag{5-6}$$

式中，CR 为判断矩阵一致性比率；RI 为判断矩阵的平均随机一致性指标。当 CR<0.1 时，说明判断矩阵通过检验，可以确定各指标的权重值；否则，则表示判断矩阵未通过检验，不符合一致性。其中，RI 值见表5-15。

表5-15　1~9阶判断矩阵中 RI 值

阶数	1	2	3	4	5	6	7	8	9
RI	0	0	0.58	0.89	1.12	1.24	1.32	1.41	1.45

(3) 确定指标权重

通过多准则决策法对于各个标准的权重的确定，请相关利益者依据自身已有的经验知识，采用 1~9 标度法对各个标准进行等级排序。通过设计调查问卷，获取数据，本文中对标准权重确定的评价者共 30 人，包含森林经营主体、专家学者、社会公众及其他利益相关者。每位评价者填写一份问卷，评价结果见表 5-16。

表 5-16　广东省国有林场森林经营成效评估指标体系各标准等级排序

编号	标准1	标准2	标准3	标准4	标准5	标准6	标准7	标准8	标准9
1									
2									
3									
…									
…									
…									
…									
29									
30									

根据各个标准等级排序评估结果，采用公式(5-1)计算出各个标准的相对权重，最终各标准权重分配见表 5-17。

表 5-17　广东省国有林场森林经营成效评估指标体系各标准相对权重

标准	平均值	标准差	相对权重
1. 森林资源数量目标			
2. 森林资源结构目标			
3. 森林资源质量目标			
4. 森林生态保护目标			
5. 森林资源健康目标			
6. 国有经济发展目标			
7. 林场经营管理目标			
8. 其他			
9. 影响度评价			

在广东省森林经营成效评估指标体系中，对评估指标权重的确定直接影响最终评价结果是否准确，是否符合客观事实。本文在对各项标准的权重确定后，采用多准则决策分析法，用公式(5-2)确定各项指标的相对权重，并用层次分析法对多准则决策分析法确定的指标权重进行检验(表 5-18)，各指标的相对权重确定结果见表 5-19。

表 5-18　C-D 判断矩阵及权重

B-C 矩阵	C 的权重	λ 值	CI 值	CR 值
B1-C	C1			
	C2			
B2-C	C3			
	C4			
	C5			
	C6			
	C7			
	C8			
	C9			
B3-C	C10			
	C11			
	C12			
	C13			
	C14			
	C15			
	C15			
	C16			
	C17			
	C18			
B4-C	C19			
	C20			
B5-C	C21			
	C22			
	C23			
	C24			
	C25			
B6-C	C26			
	C27			
	C28			
	C29			
	C30			
	C31			
	C32			

(续)

B-C 矩阵	C 的权重	λ 值	CI 值	CR 值
B7-C	C33			
	C34			
	C35			
B8-C	C36			
	C37			
	C38			
	C39			
	C40			
	C41			
	C42			
	C43			
	C44			
	C45			
	C46			
	C47			
B9-C	C48			
	C49			

表 5-19 广东省国有林场森林经营成效评估指标体系及其权重

标准与指标	平均值	标准差	相对权重(%)（多准则决策分析法）	相对权重(%)（层次分析法）
标准1：森林资源数量目标				
1.1 林地保有量				
1.2 森林保有量				
1.3 森林覆盖率				
1.4 森林蓄积量				
1.5 乔木林生物量				
1.6 森林植被总碳储量				
标准2：森林资源结构目标				
2.1 林种结构指数(公益林)				
2.2 树种结构指数(混交林)				
2.3 珍贵及大径材树种面积比例				

(续)

标准与指标	平均值	标准差	相对权重(%)（多准则决策分析法）	相对权重(%)（层次分析法）
2.4 林龄结构指数(成过熟林)				
标准3：森林资源质量目标				
3.1 林地利用率				
3.2 乔木林公顷蓄积量				
3.3 乔木林公顷年均生长量				
3.4 森林生态功能等级				
3.5 森林景观等级				
3.6 森林自然度				
3.7 乡土树种使用率				
3.8 退化土地综合治理率				
标准4：森林生态保护目标				
4.1 天然林面积比例				
4.2 森林类型多样性指数				
4.3 古树名木保护率				
4.4 野生动植物保护率				
4.5 生物多样性保护				
标准5：森林资源健康目标				
5.1 森林火灾受害率				
5.2 有害生物成灾率				
5.3 森林健康度				
标准6：国有经济发展目标				
6.1 木材产值				
6.2 非木质林产品产值				
6.3 林下经济产值				
6.4 森林旅游				
6.5 森林年生态服务价值				
6.6 职工人均收入				
6.7 林木苗圃建设				
标准7：林场经营管理目标				
7.1 建立森林经营规划制度				
7.2 构建森林经营标准体系				

(续)

标准与指标	平均值	标准差	相对权重(%) (多准则决策分析法)	相对权重(%) (层次分析法)
7.3 构建森林经营技术体系				
7.4 人才队伍建设				
7.5 基础设施建设				
7.6 年度林业重点生态工程任务完成率				
标准8：林场社会发展目标				
8.1 森林资源建档率				
8.2 林场与周边社区关系				
8.3 科普场所建设				
8.4 科普教育活动				
8.5 科技支撑建设				
8.6 示范林建设				
8.7 成效监测与评价				
8.8 森林经营管理机制创新				
标准9：影响度评价				
9.1 正面效应				
9.2 负面影响				

5.2.3 评估计划实施

（1）评估项目的制定

开展森林经营成效评估首先要制定评估项目，结合林场的实际情况和森林经营方案规划的经营目标，确定评估的类型（年度评估和经营期评估）、内容、方法、指标和数据获取等。

（2）评估人员的选择

由于林经营成效评估所涉及的内容较多，建议由不同专业背景的相关人员来完成相应的评估工作，以保证数据获取和处理的准确性与专业性，利于后期森林经营实践的调整。

（3）评估数据的收集

在进行评估数据收集时，要确保数据获取的准确性和有效性。数据的准确性是指在评估时要尽量以定量的方法来评估经营效果。数据的有效性是指在进行评估时要选择适合的方法，注重审核评估数据，保证收集到的数据具有时效性。此外，评估数据收集要和监测体系相关数据进行对接。

（4）评估结果的反馈

由森林经营主体应该组织安排专业技术人员开展评估工作，通过不同时期评估数据的对比，分析森林经营成效的变化以及变化的原因，评价森林经营的效果，及时发现森林经营实践中存在的问题。

（5）评估结果的公示

森林经营主体应该根据森林经营成效评估的结果撰写评估报告，并将其公示给各利益相关者和公众，以供他们更好地了解森林经营效果，更多地参与到森林经营实践中来，提出宝贵的建议与意见。

5.3 经营成效考核

5.3.1 考核原则

（1）公开透明

坚持实事求是和客观公正，突出建设成效，做到过程公开、标准规范、结果透明、群众认可。

（2）责效结合

坚持年度考核、经营期考核和日常检查相结合，突出考核期内森林经营方案执行及任务落实情况，做到据实评价、鼓励发展、以效论责。

（3）科学保护

坚持节约优先、保护优先，注重资源保护，突出科学经营，实现可持续发展。

（4）合理考评

坚持定量考核与定性考核相结合，以定量考核为主，做到考核指标科学，重点突出，注重实绩，简便易行。

5.3.2 考核组织

实行森林资源总量和增量相结合的考核评价制度。按照两级考核评价形式组织，省林业主管部门对省属和市属国有林场森林经营工作情况进行考核，地级市林业主管部门对县（市、区）属国有林场森林经营工作情况进行考核。

（1）建立三级国有林场森林经营成效考核体系

深入落实《广东省林业局关于开展森林经营方案编制（修编）工作的通知》相关文件精神，实现省林业主营主部门主导、党政同责、林场负责、部门协同、全域覆盖、成效提升的省、市、县三级国有林场森林经营成效考核体系。

（2）明确各级国有林场场长责任

将网格化管理思路应用到国有林场森林经营成效考核体系建设中，建立国有林场党政同责、一把手负总责、分管领导具体负责的森林经营责任体系，确定国有林场一把手是森林经营的责任主体。

5.3.3 考核方式与内容

(1) 年度考核

主要监测考核森林经营方案执行情况，包括经营管理能力、经营任务落实、影响度考核三大项共24小项(表5-20)。国有林场要全面梳理年度任务落实、取得的成效、存在的问题等情况，形成年度工作总结报告，经管辖的林业主管部门审核后，报上一级林业主管部门备案。建议省林业局每年组织召开专题会议，对各国有林场的年度工作总结进行评价与考核。主要内容包括森林经营管理情况、各项指标任务完成情况、建设经验和体会等。

(2) 经营期考核

省林业主管部门结合国有林场森林经营成效监测与评估体系，根据各国有林场森林经营情况和其他工作完成情况，对全省各国有林场森林经营成效进行考核评分，评价森林经营方案实施效果，包括经营管理能力、经营任务落实、经营成效建设、影响度考核四大项共46小项(表5-21)。具体考核时间由省林业主管部门根据各国有林场实际情况进行安排。

5.3.4 考核程序

考核分为自查自评、林业主管部门考评和省级综合考评三个阶段。采取听取汇报、查阅资料、现场调查、走访座谈、结合日常检查等方式进行。

(1) 自查评分

国有林场对上一年度(经营期)工作进行自查自评，并向上级林业主管部门上报自查自评报告。报告内容包括森林经营成效考核组织开展情况、各项指标任务完成情况、考核结果、存在的主要问题和整改措施等。通过自查自评，了解林场森林资源变化状况和森林经营成效，为林场制定森林经营策略提供依据，同时也为各级政府制定政策提供数据支撑。

(2) 主管部门组织评估

各市、县林业主管部门对所辖国有林场进行考核，对林场上报材料进行初步审查，通过初审后，组织专家开展实地考察、核验，提出评估考核意见，并将考核结果报送省林业局。

(3) 省级综合考评

省林业主管部门根据国有林场的自评情况、实地核查情况及相关数据，组织专家对国有林场进行抽查，评定考核等级，形成综合考核评价报告。省林业主管部门每年3月底前组织召开专题会议，对各国有林场的年度(经营期)工作总结进行评价与考核。

表 5-20　广东省国有林场森林经营成效年度考核评价指标

目标层	标准层	指标层	评分标准	分值	得分
经营管理能力	经营能力	年度实施方案	按照《广东省森林经营方案编制(修编)技术指引》《广东省森林经营年度实施方案编写大纲》和已获批准的森林经营方案科学编制森林经营年度实施方案,其中,内容完整,合理安排年度任务并将任务落实到具体小班,制定科学作业设计(造林、抚育、低效林改造、封山育林、森林采伐等)的得6分;已编制年度实施方案,但内容不完整、不全面、不科学的得3分;未编制不得分	6	
		经营成效监测评估	对年度任务落实情况及经营效果进行监测评价,并按要求编制年度自查自评报告	6	
	管理能力	档案管理	档案(含电子文档)管理规范完整、专柜保存、分项装订	2	
		人才队伍	配备专门负责森林经营工作的管理人员和专业技术人员,每年组织1/3以上的干部职工参加培训或继续教育	2	
		资金落实	落实年度实施方案项目资金预算的,得6分;已科学编制年度实施方案资金预算,且向上级林业主管部门请示申请资金,但资金未落实的,得3分	6	
经营任务落实	营林任务	造林任务完成率	按照年度实施方案和《造林技术规程》(GB/T 15776—2016)科学制定造林作业设计的,得2分;根据年度实施方案和作业设计要求,完成年度造林任务,经验收合格,且造林成活率在90%以上的,得4分,完成90%以上年度造林任务且造林成活率在85%以上的,得2分,造林完成率在90%以下或造林成活率低于85%的,不得分。该项合计6分	6	
		抚育任务完成率	按照年度实施方案和《森林抚育规程》(GB/T 15781—2015)科学制定抚育作业设计的,得2分;根据年度实施方案和作业设计要求,完成年度抚育任务,经验收合格的,得4分,完成90%以上得2分,完成90%以下或验收不合格的,不得分。该项合计6分	6	
		低效林改造任务完成率	按照年度实施方案和《低效林改造技术规程》(LY/T 1690—2017)科学制定低效林改造作业设计的,得2分;根据年度实施方案和作业设计要求,完成年度低效林改造任务,经验收合格的,得3分,完成90%以上得2分,完成任务量在90%以下或验收不合格的,不得分。该项合计5分	5	
		封山(沙)育林任务完成率	按照年度实施方案和《封山(沙)育林技术规程》(LY/T 15163—2004)科学制定封山(沙)育林作业设计的,得2分;根据年度实施方案和作业设计要求,完成年度封山(沙)育林任务,经验收合格的,得2分,未按要求完成年度封山育林任务或验收不合格的,不得分。该项合计4分	4	

(续)

目标层	标准层	指标层	评分标准	分值	得分
经营任务落实	森林采伐	森林采伐任务完成率	按照年度实施方案和上级主管部门下达的森林采伐任务量，合理制定年度森林采伐任务量和采伐作业设计的，得3分；严格执行森林采伐限额，按照采伐作业设计完成年度森林采伐任务，按照《森林采伐作业规程》（LY/T 1646—2005）验收合格的，得5，完成90%以上得3分，完成90%以下或验收不合格的，不得分。该项合计8分	8	
	非木质资源经营	经济林产品任务完成率	完成年度实施方案制定的经济林产品建设任务，经验收合格的得4分，完成90%以上的得2分，完成率在90%以下或经验收不合格的，不得分	4	
		林下经济任务完成率	完成年度实施方案制定的林下经济建设任务，经验收合格的得4分，完成90%以上的得2分，完成率在90%以下或经验收不合格的，不得分	4	
		林化工业原料林/生物质能源林/竹林等其他非木质资源经营任务完成率	完成年度实施方案制定的林化工业原料林/生物质能源林/竹林等其他非木质资源经营建设任务，经验收合格的得4分，完成90%以上的得2分，完成率在90%以下或经验收不合格的，不得分	4	
		森林旅游/森林康养/森林生态文化建设等	完成年度实施方案制定的森林旅游/森林康养/森林生态文化建设等建设任务，经验收合格的得5分，完成90%以上的得3分，完成率在90%以下或经验收不合格的，不得分	5	
	森林资源保护	森林防火任务完成率	完成年度实施方案制定的森林防火任务建设，经验收合格的得6分，完成90%以上得4分，完成80%以上得2分，完成80%以下或验收不合格的，不得分	6	
		林地保护任务完成率	包括林地管控和地力维护。按照年度实施方案要求，严格管控林地，明确林地管控体系、管控方式、管控队伍等，将管控任务落实到小班和具体人员，完成年度林地管控任务的，得3分；按照年度实施方案要求，完成年度地理维护任务，将地力维护与森林培育和管护机密结合，制定有利于培肥地力的森林经营技术措施，得3分。该项合计6分	6	
		森林综合管护任务完成率	结合天然林资源保护工程制定森林管护方案，明确森林管护体系、管护方式、管护人员，将管护任务落实到小班和具体人员，得2分；按照森林管护方案，完成年度森林管护任务，经验收合格的得3分。该项合计5分	5	
		林业有害生物防治任务完成率	制定林场林业有害生物防治方案，明确主要病虫害与病原物种类、危害对象、发生发展规律、危害等级、防治措施等内容，将防治任务落实到小班和具体人员，得2分；按照林业有害生物防治方案，完成年度林业有害生物防治任务，经验收合格的得3分。该项合计5分	5	

(续)

目标层	标准层	指标层	评分标准	分值	得分
经营任务落实	森林资源保护	生物多样性保护任务完成率	制定生物多样性保护方案,明确主要保护资源的类型及保护措施,将保护任务和措施落实到小班,得2分;按照生物多样性保护方案,完成年度生物多样性保护任务,经验收合格的得3分。该项合计5分	5	
经营任务落实	森林资源保护	天然林保护任务完成率	完善天然林管护制度,建立天然林用途管制制度,健全天然林修复制度的得2分;完成年度天然林保护任务,经验收合格的得3分。该项合计5分	5	
经营任务落实	基础设施建设	基础设施任务完成率	按年度实施方案确定的任务开展基础设施建设(水、电、路、房及其他基础设施),经验收合格	3	
经营任务落实	基础设施建设	服务设施任务完成率	年度实施方案确定的任务开展服务设施建设(含为便利森林体验、游憩等建设的服务设施和宣传、宣教等配套设施设备),经验收合格	3	
影响度考核	加分项	建设成效	考核期内,按照方案全面完成年度/经营期各项森林经营任务,且森林经营经验或模式获得国家或省部级经验推广的,国家级每项加2分,省部级每项加1分。同一项目不得重复计分		
影响度考核	加分项	示范引领	在林场周边乡村林业生态保护、建设中起到示范、引领、带动作用,建成省级以上珍贵树种/大径材示范林、森林休闲养生示范基地、自然教育基地等的,得2分		
影响度考核	否决项	负面影响	发生一票否决情况的,直接评定为差等次		

注:1. 上述指标超额完成时,按满分计,不再另行加分。2. 总分超过100分按100分计。3. 若年度实施方案未制定上述指标任务,则其得分:该项分值×(同一标准层其他指标的得分和/同一标准层其他指标的分值和),若年度实施方案同一标准层均未制定任务,则指标得分:该项分值×(其他指标的得分和/其他指标的分值和)。

表5-21 广东省国有林场森林经营成效经营期考核评价指标

目标层	标准层	指标层	分值	得分
经营管理能力评估	权属清晰度	林场权属	2	
经营管理能力评估	权属清晰度	与周边社区关系	1	
经营管理能力评估	经营制度	经营方案编制情况	2	
经营管理能力评估	经营制度	经营方案执行情况	2	
经营管理能力评估	管护队伍建设	领导班子配备	1	
经营管理能力评估	管护队伍建设	内部机构设置	2	

(续)

目标层	标准层	指标层	分值	得分
重点任务落实情况评估	森林质量提升	珍贵树种培育	3	
		大径材培育	4	
		木材战略储备基地建设	3	
	森林经营措施	造林	10	
		森林抚育	10	
		林相改造	5	
		森林采伐	5	
森林资源状况评估	森林资源数量	森林覆盖率	5	
		森林蓄积量	5	
	森林资源质量	乔木林公顷蓄积量	3	
		乔木林公顷年均生长量	3	
		混交林面积比例	3	
		公益林面积比例	3	
		珍贵树种林和大径材林面积比例	3	
	森林资源保护	森林火灾	3	
		林地范围和用途	3	
		森林保护	3	
		林业有害生物	3	
		生物多样性保护	3	
森林效益评估	生态效益	林地蓄水容量	1	
		森林植被总碳储量	2	
		森林类型多样性指数	2	
	经济效益	木材产值比例	1	
		非木质林产品产值	1	
		森林旅游	1	
	社会效益	自然教育基地建设	1	
		试验示范基地建设	1	
合计			100	

5.3.5 考核结果及运用

对于在年度监督考核和验收考核中获得优秀的实施单位，由上级林业主管部门予以表彰，在其他林业重点建设项目上给予支持。对于年度监督考核结果不合格的森林经营主体，视其程度，分别给予黄牌警告、调减其林木采伐指标及取消其年度考核优秀资格。对于验收考核结果不合格的森林经营主体，取消其申报森林经营样板、示范试点等单位资格。

第6章

广东森林经营体系应用与实践

为贯彻落实党中央、国务院对林业工作的目标要求和习近平总书记关于着力提高森林质量重要讲话精神,以及国家林业和草原局提出的着力提升森林质量、维护国家生态安全的具体要求,广东林业高度重视森林经营体系构建,建立了全国、省、县三级森林经营规划体系,出台了《广东省国有林场森林经营方案编制(修编)技术指引》,积极推进国有林场森林经营方案编制与实施,推行森林经营成效监测与评估等,从政策措施、技术规程、检查核查等方面,全力推进森林质量精准提升,取得显著成效。本章重点介绍广东省开展的各级森林经营规划、国有林场森林经营方案编制与执行、国有林场森林经营成效监测与评估等示范案例,以此示范带动广东森林质量精准提升。

6.1 经营规划案例(市级)——东莞市森林经营规划

6.1.1 基本情况

东莞市位于广东省中南部、珠江口东岸、东江下游的珠江三角洲,东西长约70.45千米、南北宽约46.8千米,全市陆地面积2465平方千米。东莞市地势东南高、西北低,地貌以丘陵台地、冲积平原为主,丘陵台地占44.5%、冲积平原占43.3%、山地占6.2%。东南部多山,尤以东部为最,山体庞大,分割强烈,集中成片,起伏较大,海拔多在200~600米,坡度30度左右。银瓶嘴山主峰高898.2米,是东莞市最高山峰。

东莞市(不含省属樟木头林场,下同)林业用地面积48626.46公顷,其中有林地27732.21公顷、占林业用地面积的57.03%。森林蓄积量2812583立方米,其中乔木林蓄积量2655152立方米,乔木林平均单位面积蓄积量为96.09立方米/公顷。

6.1.2 森林经营方针与目标

6.1.2.1 经营方针

坚持人与自然和谐共生,树立和践行"绿水青山就是金山银山"的理念,通过实施分类经营、科学管理,开展林分改造、森林抚育、森林保护、非木质资源培育、森林旅游、基础设施建设等项目,全面提高森林资源质量,优化森林结构,增强森林生态系统的整体功能,维护生物多样性,构建区域生态屏障。

6.1.2.2 规划目标

(1)近期目标(至 2025 年)

全市森林面积达到 85400 公顷(含非林地上的森林面积下同),森林覆盖率达 35.65%,森林蓄积量达 297 万立方米以上。乔木林平均公顷蓄积量达 101 立方米以上,混交林面积比例达 25.68%以上。森林植被总碳储量达 170.28 万吨以上,森林每年提供的主要生态服务价值达 102.43 亿元以上。

(2)中期目标(至 2035 年)

全市森林面积达 85600 公顷以上,森林覆盖率达 35.73%以上,森林蓄积量达 362 万立方米以上,乔木林平均公顷蓄积量达 124 立方米以上,混交林面积比例达 28.25%以上。森林植被总碳储量达 173.57 万吨以上,森林每年提供的主要生态服务价值达 105.72 亿元以上。

(3)远期目标(至 2050 年)

全市森林面积稳定在 85600 公顷以上,森林覆盖率稳定在 35.73%以上,森林蓄积量达 425 万立方米以上,乔木林平均公顷蓄积量达 145 立方米以上,混交林面积比例达 33.90%以上,森林植被总碳储量在 173.57 吨以上,森林每年提供的主要生态服务价值稳定在 110 亿元以上。

6.1.3 森林类型划分

全市的森林类型有天然次生林、人工混交林、人工阔叶纯林、人工针叶纯林等四类。其中,天然次生林面积 2825.68 公顷、人工混交林面积 6800.55 公顷、人工阔叶纯林面积 17022.20 公顷及人工针叶纯林面积 781.06 公顷。

6.1.4 森林经营分区

(1)东南部山地森林旅游兼水源涵养林经营区

本经营区位于东莞市的东部和东南部,主要分布在谢岗、樟木头、清溪、塘厦、凤岗、黄江等 6 个镇和清溪林场、大屏嶂林场 2 个林场。重点抓好生态公益林的封育保护及改造提质工作,建设结构稳定、效益多样、功能完备的山地森林体系,形成东莞市的绿色生态屏障。

(2)东北部丘陵台地名优林果经济林兼水土保持林经营区

本经营区位于东莞市东北部,包括常平、桥头、企石、石排、横沥、寮步、东坑、茶山、石龙 9 个镇和生态园。该区生态用地较少,经济林较多,应充分利用自然条件,因地制宜,大力发展以荔枝、龙眼为主的林业经济,积极培育本土名优果品,建设现代化优质水果基地,提高林地利用率和产出率,打造东莞品牌。

(3)西南部丘陵生态景观林兼江河防护林经营区

本经营区位于东莞市西南部,包括沙田、厚街、虎门、长安、大岭山、大朗等 6 个镇和大岭山林场、松山湖工业园管委会。抓好水源涵养林改造工程,优化森林群落的组成和结构,提高森林生态系统的稳定性和景观效果,开展生态旅游,打造东莞市区的后花园,加强滩涂防护林带及海岸基干林带的建设,形成兼具防护功能和景观效果的沿海防护林体系。

(4)西北部平原环境保护林兼生态风景林经营区

本经营区位于东莞市区中心地带,包括莞城、东城、南城 3 个区和望牛墩、中堂、麻涌、道滘、万江 5 个镇及同沙林场、黄旗林场、板岭林场、市林科所。以加强城市林业建设,保护好城郊森林,维护城市良好的生态环境;扶持和做大森林旅游产业,加快城市周边森林公园建设,大力发展生态旅游和休闲旅游,为建设宜居城市服务。

6.1.5 森林经营类型组织

根据主导功能和经营目的,划分 2 个森林经营类型组,分别是多功能经营的兼用林类型组和集约经营的商品林类型组,其中多功能经营的兼用林类型组又可细分为生态服务为主导功能的兼用林和林产品生产为主导功能的兼用林(表 6-1)。

表 6-1 东莞市森林经营类型组

序号	森林经营类型组	面积(公顷)	经营类型数量(种)
1	以生态服务为主导功能的兼用林	19825.97	20
2	以林产品生产为主导功能的兼用林	7207.55	8
3	集约经营的商品林类型组	17790.04	3
4	合计	44823.56	31

6.1.6 森林经营任务

规划期,东莞市森林经营任务包括建设水源涵养林 500 公顷、森林抚育 1933.33 公顷、薇甘菊防治 8000 公顷、建设生物防火林带 1358 千米(其中:新建 10 千米、抚育提升 1348 千米)、建设镇级森林公园 6 个和湿地公园 6 个;同时通过构建林长制体系,全市森林资源安全得到更加有效的保障。

6.2 经营规划案例(县级)——信宜市森林经营规划

6.2.1 基本情况

信宜市位于广东省西南部，茂名市北部，北纬22°11′16″～22°42′26″、东经110°40′36″～111°40′39″，东西长102.7千米、南北宽57.6千米，区域土地面积为3083.98平方千米。信宜市境内七成多是山地，称为"八山一水一分田"，地势东北高、西南低，以山地地貌为主，境内崇山峻岭，河溪纵横，海拔从50米至1704米。

全市森林经营规划总面积302018.96公顷，其中林业用地206831.03公顷，占规划总面积的68.48%。林业用地中，有林地183571.62公顷，占88.75%；疏林地494.98公顷，占0.24%；灌木林地10462.25公顷，占5.06%；未成林造林地9074.02公顷，占4.39%；苗圃地50.37公顷，占0.02%；无立木林地997.32公顷，占0.48%；宜林地2176.13公顷，占1.05%；林业辅助生产用地4.34公顷。林地按所有权分：国有157.92公顷，占0.08%；集体206673.11公顷，占99.92%。林地按使用权分：国有157.41公顷，占0.08%；集体89797.50公顷，占43.42%；民营228.91公顷，占0.11%；个人116647.21公顷，占56.40%。全市森林面积191093.00公顷，森林覆盖率63.27%。活立木蓄积量14715082立方米，其中：乔木林蓄积量14626388立方米、疏林蓄积量17261立方米、散生木蓄积量71433立方米。乔木林单位面积蓄积量为81.34立方米/公顷。

6.2.2 森林经营方针与目标

6.2.2.1 经营方针

以森林可持续经营理论为指导，树立"创新、协调、绿色、开放、共享"发展理念，以培育稳定、健康、优质、高效的森林生态系统为总体目标，坚持"以森林资源为基础、科学经营为依托、实施生态保护优先、科学合理利用为辅、精准提升森林质量"的经营方针，全面提高森林整体数量和质量，实现森林生态系统健康稳定发展。

6.2.2.2 规划目标

信宜市以精准提升森林质量、增强生态功能和优质生态产品供给为主攻方向，坚持目标引领示范推动，分区分类因林施策，严格保护天然林、科学经营人工林、复壮更新退化林，完善政策支撑机制，创新经营技术模式，培育"结构合理、系统稳定，功能完备、效益递增"的森林生态系统。其中：

(1)近期目标(至2025年)

森林面积达到190630公顷，森林覆盖率达到68.28%，森林蓄积量达1464万立方米以上。乔木林公顷蓄积量达81.46立方米以上，混交林面积比例达33.79%以上。森林植被总碳储量达658万吨以上，森林每年提供的主要生态服务价值达到383亿元以上。

(2) 中期目标(至 2035 年)

森林面积达 191224 公顷以上,森林覆盖率达 68.32%以上,森林蓄积量达 1494 万立方米以上,乔木林公顷蓄积量达 83.10 立方米以上,混交林面积比例达 39.51%以上。森林植被总碳储量达 672 万吨以上,森林每年提供的主要生态服务价值达到 384 亿元以上。

(3) 远期目标(至 2050 年)

森林面积稳定在 191931 公顷以上,森林覆盖率稳定在 68.55%以上,森林蓄积量达 1555 万立方米以上,乔木林公顷蓄积量达 86.49 立方米以上,混交林面积比例达 50.06%以上,森林植被总碳储量在 699 吨以上,森林每年提供的主要生态服务价值达 385 亿元以上。

6.2.3 森林类型划分

参考《广东省森林经营规划(2016—2050 年)》,结合信宜市森林起源、树种组成、近自然程度和林地状况,将森林(含林地)划分为天然林和人工林两大类。天然林细分为天然次生林和退化次生林;人工林细分为人工针叶纯林、人工阔叶纯林和人工混交林。其中:天然林 3447.37 公顷,占 1.67%;人工林 203383.66 公顷,占 98.33%,见表 6-2。

表 6-2 信宜市森林类型分类

森林类型		面积(公顷)	蓄积量(立方米)	小班数(个)
合计		206831.03	14715082	29368
天然林	小计	3447.37	150429	195
	天然次生林	3118.12	128581	167
	退化次生林	329.25	21848	28
人工林	小计	203383.66	14564653	29173
	人工针叶纯林	115711.1	9651031	15226
	人工阔叶纯林	24036.2	916463	4957
	人工混交林	63636.36	3997159	8990

6.2.4 森林经营分区

综合考虑信宜市森林主导功能、森林资源现状和当地对森林功能需求,将全市区域林地划分为北部低山水源涵养兼用材林经营区、东部中高山森林生态旅游兼用材林经营区、西部低山一般用材林兼水源涵养林经营区和南部丘陵集约经营用材林兼水源涵养林经营区 4 个森林经营区,见表 6-3。

表 6-3 信宜市森林经营区

森林经营区		林地面积（公顷）	占比（%）	活立木蓄积量（立方米）	占比（%）	小班数（个）
合计		206831.03	100	14715082	100	29368
北部低山水源涵养兼用材林经营区	小计	55061.51	26.62	2484361	16.88	6741
	白石	12283.20	5.94	542420	3.69	1866
	茶山	7595.75	3.67	270880	1.84	1045
	贵子	12852.00	6.21	434678	2.95	1098
	洪冠	11193.53	5.41	779760	5.30	1088
	怀乡	11137.03	5.38	456623	3.10	1644
东部中高山森林生态旅游兼用材林经营区	小计	68567.64	33.15	6543164	44.47	8302
	大成	7633.49	3.69	598355	4.07	870
	合水	8417.62	4.07	945919	6.43	921
	平塘	12337.09	5.96	913354	6.21	1219
	钱排	14805.70	7.16	879845	5.98	2087
	思贺	12341.75	5.97	1685732	11.46	1881
	新宝	13031.99	6.30	1519959	10.33	1324
西部低山一般用材林兼水源涵养林经营区	小计	56295.75	27.22	4471896	30.39	9219
	北界	11991.04	5.80	745074	5.06	1544
	池洞	9385.06	4.54	683573	4.65	2250
	金垌	14034.03	6.79	1243122	8.45	2203
	朱砂	20885.62	10.10	1800127	12.23	3222
南部丘陵集约经营用材林兼水源涵养林经营区	小计	26906.13	13.01	1215661	8.26	5106
	丁堡	4960.16	2.40	225111	1.53	975
	东镇	11910.96	5.76	593416	4.03	2036
	水口	6550.80	3.17	272283	1.85	1129
	镇隆	3484.21	1.68	124851	0.85	966

6.2.5 森林经营类型组织

参考《广东省森林经营规划(2016—2050年)》，综合考虑信宜市森林的优势树种、森林起源、立地条件、经营目的和森林生态功能定位等因素进行森林经营类型组织。全市森林(含林地)经营分为严格保育的公益林森林经营类型组、多功能经营兼用林森林经营类型组和集约经营商品林森林经营类型组3大类，在3大类森林经营类型组的基础上又细分为17种森林经营类型。见表6-4。

表 6-4 信宜市森林经营类型

森林经营类型组	森林经营类型	面积（公顷）	蓄积量（立方米）	小班数（个）
合计		206831.03	14715082	29368
严格保育公益林	严格保育针阔混交防护林	1807.29	99072	155
多功能经营兼用林 / 生态服务主导功能	经济树种防护林兼用材林	5086.90	43693	1071
	阔叶混交防护林兼大中径材用材林	12991.45	633219	1408
	马尾松防护林兼大中径材用材林	30427.24	2163872	3488
	杉木防护林兼大中径材用材林	8746.20	1126482	1057
	针叶混交防护林兼大中径材用材林	14959.42	1288201	1393
多功能经营兼用林 / 林产品生产主导功能	经济树种林产品兼防护林	3123.22	43671	648
	阔叶混交大中径材用材林兼防护林	9405.79	392560	1559
	马尾松大中径材用材林兼防护林	56753.30	4013600	7896
	杉木大中径材用材林兼防护林	13833.96	1773039	1818
	针叶混交大中径材用材林兼防护林	19166.52	1673553	2327
集约经营商品林	桉树中小径材用材林	12575.61	813528	2478
	经济树种商品林	6307.44	52100	1772
	阔叶混交大中径材用材林	436.11	11800	82
	荔枝商品林	4844.25	1928	1187
	马尾松大中径材用材林	3231.08	225941	566
	针阔混交大中径材用材林	3135.25	358823	463

6.2.6 森林经营任务

规划期，信宜市无林地造林 3173.4 公顷、更新造林 700018.0 公顷；森林抚育 365957.7 公顷，退化林修复 113235.4 公顷；森林采伐 70018.0 公顷、年均采伐面积 2121.8 公顷，采伐蓄积量 8381435 立方米、年均采伐蓄积量 251124 立方米。

6.3 经营方案案例（综合型）——广东省郁南林场森林经营方案

6.3.1 基本情况

广东省郁南林场位于广东省北部，西江流域的中游南岸，地理坐标东经 110°22′~112°00′、北纬 22°55′~23°10′，场部设在广东省云浮市郁南县南江口镇，辖区与广东省云浮市郁南县、云安区、罗定市、广西梧州市岑溪市、龙圩区等毗连，东西跨度 100 千米，南北跨度 60 千米，水陆交通十分便利。该林场是在 2018 年国有林场改革中由原广东省西江林业局西江林场、原广东省西江林业局大历林场和原广东省西江林业局通门林场合并而成，为正处级公益一类事业单位。

根据林场 2021 年森林资源年度更新数据和补充调查数据，林场总面积 15446.94 公顷，其中林业用地面积 15340.97 公顷，占林场总面积的 99.31%；非林地面积 97.04 公顷，占林场总面积的 0.69%。林业用地中，有林地面积 14089.46 公顷（其中乔木林 14068.35 公顷、竹林 21.11 公顷），占林业用地面积的 91.84%。森林覆盖率 91.26%。如图 6-1。

林场森林总蓄积量为 1505302 立方米，其中乔木林总蓄积量为 1503658 立方米。乔木林公顷蓄积量为 106.88 立方米。林场主要为水源涵养林，面积占林地总面积的 59.85%。如图 6-2。

林场主要优势树种为马尾松、杉木和桉树，分别占林场乔木林总面积的 24.77%、23.83% 和 20.30%。如图 6-3。

从林场乔木林中以幼龄林面积所占比例最大，为 39.23%。如图 6-4。

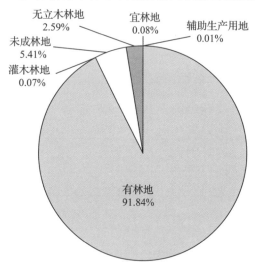

图 6-1 林业用地类型构成面积比例

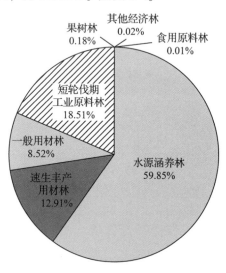

图 6-2 不同林种面积占比

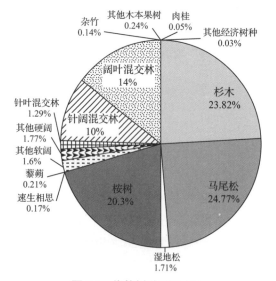

图 6-3 优势树种面积占比

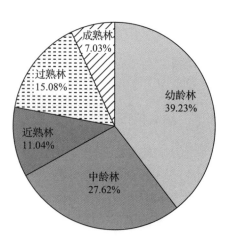

图 6-4 龄组结构面积占比

6.3.2 森林经营方针与目标

6.3.2.1 经营方针

本经营期实行"以林为本,生态优先,分类经营,持续发展"的经营方针,优化林场森林结构和提升森林质量,维护与提高生物多样性;通过培育珍贵树种、大径材林,有效地增加珍贵树种和大径材后备资源,实现经济增长和生态建设双丰收,走出一条"绿水青山就是金山银山"的现代林业发展之路。

6.3.2.2 经营目标

本经营期内,对林场内公益林和商品林实施分类经营,通过更新造林、抚育、采伐等技术措施逐步提高森林资源数量和质量、优化森林资源结构,对林场内森林资源进行科学保护、培育和合理利用,充分发挥森林的生态、经济及社会效益。经营期内主要目标和指标见表6-5。

表6-5 森林经营目标

指标		单位	目标 现状值	目标 目标值	指标属性
通用指标	1. 森林覆盖率	%	91.26	92	约束性
	2. 森林蓄积量	立方米	1505300	1550000	约束性
	3. 林地保有量	公顷	15340	15500	预期性
	4. 森林保有量	公顷	14097	14300	预期性
	5. 公益林面积比例	%	59.85	75	预期性
	6. 混交林面积比例	%	25.20	30	预期性
	7. 森林植被总碳储量	吨/年	594393	630000	预期性
	8. 森林火灾受害率	‰	0	0.9	预期性
	9. 有害生物成灾率	‰	0	8.2	预期性
	10. 森林健康等级Ⅰ、Ⅱ级面积比例	%	74.44	78	预期性
	11. 管护站点改造	个	7	15	预期性
特色指标	12. 自然教育基地	处	0	1	预期性
	13. 年科普人数	人/年	1000	2000	预期性

6.3.3 森林类型划分

参考《广东省森林经营规划(2016—2050年)》,结合森林起源、树种组成、近自然程度和林地状况,将林场森林(含林地)划分为人工混交林面积2161.53公顷、人工阔叶纯林的面积为4338.38公顷及人工针叶林面积7862.60公顷。

6.3.4 森林经营分区

据林场自然地形地貌、森林植被、生态区位、经济发展、产业布局、土地利用方式等的差异性,林场共划分为3个森林功能区:西江流域水源涵养区、高效森林培育示范区及大径材战略储备区。见表6-6。

表6-6 郁南林场森林经营功能区划分

功能区划	分布	小班数（个）	面积（公顷）	占比（％）	分区功能	经营策略
西江流域水源涵养区	西江管护站、大河管护站、桂木坪管护站、黄沙管护站	883	6640.12	42.99	沿西江流域建设高质量水源涵养林，涵养水源，保护生物多样性，维持区域生态系统平衡	采取林分改造更新等措施，形成复层混交异龄林，以保护西江流域水源
高效森林培育示范区	大历管护站	609	6081.32	39.37	充分利用国内外林业科技，如优育品种、先进技术等，结合林场优越的自然地理环境，发挥国有林场森林经营示范、培训、推广作用	引进新技术、新方法、新品种，采取林分改造，林分抚育等措施，发挥国有林场经营示范的作用
大径材战略储备区	通门管护站	295	2725.41	17.64	建设优质、高效、健康、稳定的生态公益林示范区，培养大径材，为国家储备林做准备	建立以经营大径级木材为主要目标的样板基地，建立生态公益林示范区，采用近自然经营技术，以伐促抚、采育结合，诱导形成复层、混交、稳定的森林生态系统
合计			15446.85	100.00		

6.3.5 森林经营类型组织

根据林场生态区位重要性、生态脆弱性与资源特点，结合林地保护利用规划分级保护要求，从经济社会要求和森林经营管理的主导方向出发，将区域森林划分为以生态服务为主导功能的兼用林、林产品生产为主导功能的兼用林及集约经营的商品林等3个森林经营类型组。见表6-7。

表6-7 郁南林场森林经营类型组

森林经营类型组		经营对象	小班数(个)	经营管理策略	面积(公顷)
多功能经营的兼用林	生态服务为主导功能的兼用林	国家二级公益林和地方公益林	564	严控林地流失，强化抚育经营，突出增强生态功能，兼顾林产品生产功能	4856.33
	林产品生产为主导功能的兼用林	一般用材林和部分经济林	179	加强抚育经营，培育优质大径级高价值木材等林产品，兼顾生态服务功能约束	1307.30
集约经营的商品林		速生丰产用材林、短轮伐期用材林和特色经济林	999	开展集约经营，充分发挥林地潜力，提高产出率，同时考虑生态环境	9186.06

根据郁南林场的优势树种、森林起源、立地条件、林木生长状况、培育目标、森林经营集约度等，在小班调查的基础上组织不同的森林经营类型。郁南林场森林经营类型，见表6-8。

表 6-8 郁南林场森林经营类型

序号	森林经营类型	森林经营类型组	面积（公顷）	小班数（个）	经营目的
1	桉树水源涵养林兼大径材森林经营类型	生态服务主导功能兼用林	898.49	76	混交林
2	杉木水源涵养林兼大径材森林经营类型		1625.729	133	混交林
3	松树水源涵养林兼大径材森林经营类型		2869.78	253	混交林
4	针叶混交水源涵养林兼大径材森林经营类型		140.10	10	混交林
5	针阔混交林水源涵养林兼大径材森林经营类型		1347.43	113	混交林
6	阔叶混交大径材兼防护林森林经营类型		1326.28	306	混交林
7	其他阔叶树水源涵养林兼大径材森林经营类型		2413.64	404	混交林
8	竹子水源涵养林兼用材林森林经营类型		16.51	8	——
9	松树大径材兼防护林森林经营类型	林产品主导功能兼用林	929.09	99	培育大径材、兼顾生态
10	针阔混交大径材兼防护林森林经营类型		147.64	18	培育大径材、兼顾生态
11	针叶混交大径材兼防护林森林经营类型		52.81	5	培育大径材、兼顾生态
12	阔叶混交大径材兼防护林森林经营类型		126.67	32	培育大径材、兼顾生态
13	其他一般阔叶树种大径材兼防护林森林经营类型		532.70	10	培育大径材、兼顾生态
14	竹子用材林兼防护林森林经营类型		4.60	4	——
15	桉树中小径材森林经营类型	集约经营的商品林	2114.25	210	集约经营中小径材
16	杉木中小径材森林经营类型		1930.30	210	集约经营中小径材
17	松树中小径材森林经营类型		161.53	22	集约经营中小径材
18	针阔混交林中小径材森林经营类型		11.48	1	集约经营中小径材
19	其他一般阔叶树种中小径材森林经营类型		270.22	55	集约经营中小径材
20	经济林森林经营类型		32.11	24	集约经营高产林

6.3.6 森林作业法设计

根据郁南林场的林分现状，结合各经营类型的培育目标，制定林场全周期森林经营作业法，见表 6-9。

表 6-9 郁南林场森林作业法与全周期过程设计

序号	作业法名称	起源	目前优势树种	培育树种	培育目的	目标林相					全周期经营过程主要措施
						树种组成	层次结构	林分密度（株/公顷）	经营周期（年）	目标胸径（厘米）	
1	桉树水源涵养兼用材森林作业法	人工	桉树	阔叶混交林	人工混交林	阔叶树	复层异龄林	—	≥61	35+	造林当年、培土和追肥1次、第2年、第3年各松土、除草、天然林进行管护，中龄林严格管护，近熟林可采伐，径级达到目标可采伐，最终形成阔叶混交林
2	杉木水源涵养兼用材林森林作业法	人工	杉木	阔叶混交林	人工混交林	阔叶树	复层异龄林	—	≥41	35+	造林当年、培土和追肥1次、第2年、第3年各松土、除草、天然林进行管护，中龄林严格管护，近熟林可采伐，径级达到目标可采伐，最终形成阔叶混交林
3	松树水源涵养兼用材林森林作业法	人工	马尾松、湿地松、杉木	阔叶混交林	人工混交林	阔叶树	复层异龄林	—	≥51	45+	造林当年、培土和追肥1次、第2年、第3年各松土、除草、天然林进行管护，中龄林严格管护，近熟林可采伐，径级达到目标可采伐，最终形成阔叶混交林
4	针叶混交林水源涵养兼用材森林作业法	人工	针阔混交林	阔叶混交林	人工混交林	阔叶树	复层异龄林	—	≥61	45+	造林当年、培土和追肥1次、第2年、第3年各松土、除草、天然林进行管护，中龄林严格管护，近熟林可采伐，径级达到目标可采伐，最终形成阔叶混交林
5	针阔混交林兼用材林森林作业法	人工	针阔混交林	阔叶混交林	人工混交林	阔叶树	复层异龄林	—	≥61	45+	造林当年、培土和追肥1次、第2年、第3年各松土、除草、天然林进行管护，中龄林严格管护，近熟林可采伐，径级达到目标可采伐，最终形成阔叶混交林

(续)

序号	作业法名称	起源	目前优势树种	培育树种	培育目的	目标林相					全周期经营过程主要措施
						树种组成	层次结构	林分密度（株/公顷）	经营周期（年）	目标胸径（厘米）	
6	阔叶混交水源涵养兼用材森林作业法	人工	阔叶混交树种	阔叶混交林	人工混交林	阔叶树	复层异龄林		≥81	45+	造林当年、第2年、第3年各松土、培土和追肥1次，中龄林进行除草、天然林进行管护，近熟林严格管护采伐，径级达到目标可采伐，最终形成阔叶混交林
7	其他一般阔叶树水源涵养森林兼用材森林作业法	人工	其他软阔、其他硬阔等	阔叶混交林	人工混交林	阔叶树	复层异龄林		≥81	35+	造林当年、第2年、第3年各松土、培土和追肥1次，中龄林进行除草、天然林进行管护，近熟林严格管护采伐，径级达到目标可采伐，最终形成阔叶混交林
8	松树用材兼防护林作业法	人工	马尾松、湿地松	阔叶混交林	人工混交林	阔叶树	复层异龄林		≥21	45+	造林当年、第2年、第3年各松土、培土和追肥1次，中龄林进行一次抚育间伐，郁闭度0.7以上进行一次抚育间伐，抚育后郁闭度0.5~0.7，近熟林严格管护采伐，径级达到目标可采伐，最终形成阔叶混交林
9	针阔混交用材兼防护林森林作业法	人工	针阔混交林	阔叶混交林	人工混交林	阔叶树	复层异龄林		≥21	45+	造林当年、第2年、第3年各松土、培土和追肥1次，中龄林进行一次抚育间伐，郁闭度0.5~0.7，近熟林严格管护采伐，径级达到目标可采伐，最终形成阔叶混交林

(续)

序号	作业法名称	起源	目前优势树种	培育树种	培育目的	目标林相 树种组成	目标林相 层次结构	目标林相 林分密度（株/公顷）	目标林相 经营周期（年）	目标林相 目标胸径（厘米）	全周期经营过程主要措施
10	针叶混交用材林兼防护林森林作业法	人工	针叶混交林	阔叶混交林	人工混交林	阔叶树	复层异龄林		≥径材	45+	造林当年、第2年，第3年各松土、培土和追肥1次，天然林进行管护，进行除草、修枝，郁闭度0.7以上进行一次抚育间伐，抚育后郁闭度0.5~0.7，严格管护、管护、采伐，近熟林可采伐，最终形成阔叶混交林
11	阔叶混交用材林兼防护林森林作业法	人工	阔叶混交林、其他软阔、其他硬阔等	阔叶混交林	人工混交林	阔叶树	复层异龄林		≥径材	45+	造林当年、第2年，第3年各松土、培土和追肥1次，天然林进行管护，进行除草、修枝，郁闭度0.7以上进行一次抚育间伐，抚育后郁闭度0.5~0.7，补植阔叶树；16~20年疏伐生长伐，视林况确定是否进行第3次同伐，最终形成阔叶混交林
12	其他一般阔叶树大径材兼防护林森林作业法	人工	桉树、其他阔硬阔	阔叶混交林	人工混交林	阔叶树	复层异龄林		≥径材	45+	造林当年、第2年，第3年各松土、培土和追肥1次，天然林进行管护，进行除草、修枝，郁闭度0.7以上进行一次抚育间伐，抚育后郁闭度0.5~0.7，补植阔叶树；16~20年疏伐生长伐，视林况确定是否进行第3次同伐，最终形成阔叶混交林
13	桉树中小径材森林作业法	人工	桉树	桉树	人工纯林	桉树	复层异龄林		≥小径材	45+	造林当年、第2年，第3年各松土、培土和追肥1次，中龄林进行管护，进行管护、采伐，径级达到目标可采伐
14	杉木中小径材森林作业法	人工	杉木	杉木	人工纯林	杉木	复层异龄林		≥小径材	45+	造林当年、第2年，第3年各松土、培土和追肥1次，中龄林进行一次抚育间伐，抚育后郁闭度0.5~0.6，成熟林采伐，成熟达到目标可采伐，最终形成阔叶混交林

（续）

序号	作业法名称	起源	目前优势树种	培育树种	培育目的	目标林相					全周期经营过程主要措施
						树种组成	层次结构	林分密度（株/公顷）	经营周期（年）	目标胸径（厘米）	
15	松树中小径材森林作业法	人工	松树	阔叶树	人工混交林	阔叶树	复层异龄林		≥小径材	45+	造林当年、第2年、第3年各松土、除草、培土和追肥1次，中龄林进行修枝，郁闭度0.7以上进行一次抚育间伐，抚育后郁闭度0.5~0.6，成熟林进行管护，采伐，径级达到目标采伐最终成阔叶混交林
16	针阔混交林中小径材森林作业法	人工	针阔混交林	阔叶树	人工混交林	阔叶树	复层异龄林		≥小径材	45+	造林当年、第2年、第3年各松土、除草、培土和追肥1次，中龄林进行修枝，郁闭度0.7以上进行一次抚育间伐，抚育后郁闭度0.5~0.6，成熟林进行管护，采伐，径级达到目标采伐最终成阔叶混交林
17	其他一般阔叶树种中小径材森林作业法	人工	阔叶树林	阔叶树	人工混交林	阔叶树	复层异龄林		≥小径材	45+	造林当年、第2年、第3年各松土、除草、培土和追肥1次，中龄林进行修枝，郁闭度0.7以上进行一次抚育间伐，抚育后郁闭度0.5~0.6，成熟林进行管护，采伐，径级达到目标采伐最终成阔叶混交林
18	经济林森林作业法	人工	经济林树种	高产果树林	人工林		复层异龄林		≥小径材	45+	造林当年、第2年、第3年各松土、除草、中龄林整形修枝，深翻扩穴，增肥改土，注意水分管理，成熟林进行整形修枝，防治病虫害，防治病虫害

6.3.7 森林经营任务

经营期，林场林分改造（更新造林）面积 91575 亩、森林抚育 247305 亩、森林采伐 43778 立方米。见表 6-10。

表 6-10 郁南林场森林经营任务

序号	项目名称	单位	任务量	备注
1	森林经营措施			
1.1	森林抚育	亩	247305	
1.2	林分改造（更新造林）	亩	91575	
1.3	森林采伐	立方米	43778	
2	森林文化与生态旅游发展			
2.1	森林生态综合示范园建设	个	1	
2.2	云浮花果山市级森林公园建设	个	1	
2.3	峰界南药市级森林公园建设	个	1	
2.4	自然教育基地建设	处	1	
2.5	公益林示范区建设	亩	91219.8	
2.6	木材战略储备林基地建设	亩	40881.15	
2.7	高质量水源涵养林建设	亩	99601.8	
3	森林管护			
3.1	森林资源综合管护	年	5	
3.2	森林病虫害防治	年	5	
3.3	森林防火	年	5	
3.4	森林生物多样性保护	年	5	
4	基础设施及能力建设			
4.1	林区公路硬底化改造	千米	27	
4.2	林区公路养护	千米	407.41	
4.3	林道建设	千米	30	
4.4	管护站建设与改造（含配套设施）	个	12	
4.5	管护站环境提升（含配套设施）	个	4	

6.4 经营方案案例(公益型)——佛山市云勇林场森林经营方案

6.4.1 基本情况

佛山市云勇林场位于佛山市,于2001年被市政府定位为生态公益型林场。地理坐标为东经112°38′26″~112°42′25″、北纬22°41′54″~22°46′50″之间。

根据林场2020年森林资源年度更新数据和补充调查数据,林场总面积1958.33公顷,其中林业用地面积1922.42公顷,占林场总面积的98.17%;非林地面积35.91公顷,占1.83%。林业用地中,乔木林面积1901.43公顷,占林场总面积的97.13%;灌木林地面积20.14公顷,占1.03%。林场森林覆盖率为98.12%。

林场森林总蓄积量为136509.04立方米,乔木林单位面积蓄积量为71.76立方米/公顷。林场中主要为公益林,其中公益林面积为1919.74公顷,占林场总面积的99.86%。

林场中优势树种大部分为乡土阔叶混交林,面积为1055.61公顷,占乔木林总面积的54.91%,蓄积量达到65388.17立方米、占活立木总蓄积量的47.83%。从龄组结构来看,幼龄林占大部分,面积占比为71.68%、蓄积量占比64.98%。

6.4.2 森林经营方针与目标

6.4.2.1 经营方针

"以林为本,生态优先,综合利用,持续发展"的十六字林场经营方针,主要任务是保护、培育、合理利用森林资源,维护和提高森林生物多样性;做好辖区内森林防火、林业有害生物防治、公益林管护及生态监测等工作;积极开展自然教育、林业科普及宣传工作,发挥科技示范作用,为社会提供优质生态产品等。

6.4.2.2 经营目标

本经营期内的经营目标主要包括:①森林资源数量稳定持续增长。主要稳定林地面积、森林蓄积量、公益林面积比例等,确保森林覆盖率保持稳定;②提高森林资源质量。提高乔木林公顷蓄积量及森林碳汇能力,乔木林公顷蓄积量提升到85.00立方米,森林植被碳储量达到84000亿吨;③优化森林资源结构。通过林分改造、补植套种等措施提高混交林面积比例,经营期末混交林面积比例提升到90%;④提高森林生态系统稳定性。森林景观等级Ⅰ、Ⅱ级面积比例达到60%,生态功能等级Ⅰ、Ⅱ级面积比例达到96%;⑤加强森林健康与保护。森林火灾率控制在0.9‰以下,有害生物成灾率控制在8.2‰以下;⑥促进林场森林生态文化建设和生态旅游发展。建设自然教育基地1处,年科普人数达到2000人次/年。具体指标见表6-11。

表 6-11 云勇林场森林经营目标

序号	指标	目标			指标属性
		单位	现状值	目标值	
1	森林覆盖率	%	98.12	≥98	约束性
2	森林蓄积量	万立方米	13.67	16.00	约束性
3	乔木林公顷蓄积量	立方米/公顷	71.76	85.00	预期性
4	林地保有量	公顷	1922.42	≥1922.42	预期性
5	森林保有量	公顷	1921.57	≥1921.57	预期性
6	混交林面积比例	%	86.33	90.00	预期性
7	森林植被总碳储量	亿吨/年	72022	84000	预期性
8	森林火灾受害率	‰	0	<0.9	预期性
9	有害生物成灾率	‰	0	<8.2	预期性
10	森林自然度Ⅰ、Ⅱ级面积比例	%	10	30.00	预期性
11	森林健康度Ⅰ、Ⅱ级面积比例	%	90.04	95.00	预期性
12	森林景观Ⅰ、Ⅱ级面积比例	%	52.38	65.00	预期性
13	森林生态功能Ⅰ、Ⅱ级面积比例	%	84.41	90.00	预期性
14	自然教育基地	处	0	1	预期性
15	年科普人数	人/年	500	2000	预期性

6.4.3 森林类型划分

云勇林场森林类型分为天然次生林、人工混交林、人工阔叶林和人工针叶林。其中天然次生林1.03公顷、人工混交林1659.50公顷、人工阔叶林141.48公顷和人工针叶林120.41公顷。

6.4.4 森林经营分区

根据云勇林场自然地形地貌、森林植被、生态区位、经济发展、产业布局、土地利用方式等的差异性确定主要功能类型。林场共划分为2个森林功能区：生态风景林兼大径材保育区及风景林景观提升经营区。见表6-12。

表 6-12 云勇林场森林经营功能区划分

功能区划	分布	小班个数（个）	面积（公顷）	主要功能	经营策略
生态防护兼大径材保育区	望海顶片区和砧板田片区	106	1015.99	以生态保护修复为主	采取封山育林等措施，促进天然更新，形成复层混交异龄林，保护生态稳定

(续)

功能区划	分布	小班个数（个）	面积（公顷）	主要功能	经营策略
风景林景观提升区	羊棚片区	144	942.34	开展生态旅游活动、开展自然教育活动等活动	在保证森林健康与发展的前提下，恢复和改善森林生态系统结构，精准提高森林质量，挖掘森林功能，打造森林景观，发挥森林的生态价值的同时兼顾森林欣赏与游憩价值
合计		250	1958.33		

6.4.5 森林经营类型组织

根据林场生态区位重要性、生态脆弱性与资源特点，结合林地保护利用规划分级保护要求，从经济社会要求和森林经营管理的主导方向出发，将森林全部划分为以生态服务为主导功能的多功能经营的兼用林类型组。在此基础上，再结合云勇林场的树种、起源、立地条件、林木生长状况、培育目标、森林经营集约度等，林场共划分为6个森林经营类型。见表6-13。

表6-13 云勇林场森林经营类型统计

序号	森林经营类型组	森林经营类型	小班个数（个）	面积（公顷）	蓄积量（立方米）	经营目的	培育年限
1	以防护为主导功能的兼用林	阔叶树混交防护林兼大径材森林经营类型	120	1055.61	65430.17	阔叶混交防护林	≥81
2		针阔树混交防护林兼大径材森林经营类型	50	584.06	45005.19	针阔树混交防护林	≥81
3	以景观为主导功能的兼用林	阔叶树风景林兼大径材森林经营类型	20	124.12	9520.20	阔叶树风景林	≥51
4		针阔树混交风景林兼大径材森林经营类型	2	20.85	2504.05	针阔树混交风景林	≥45
5		针叶树风景林兼大径材森林经营类型	25	120.42	14211.17	针叶树风景林	≥45
6		油茶风景林森林作业法	3	17.35	0.00	油茶景观林	≥41
		合计	220	1922.42	136670.77		

6.4.6 森林作业法设计

根据云勇林场的林分现状，结合各经营类型的培育目标，制定林场森林全周期经营作业法。见表6-14。

表 6-14 云勇林场森林作业法与全周期过程设计

序号	作业法名称	起源	目前优势树种	培育树种	培育目的	树种组成	层次结构	林分密度（株/公顷）	经营周期（年）	目标胸径（厘米）	全周期经营过程主要措施
1	阔叶树混交防护林兼大径材森林作业法	人工	阔叶混交林	阔叶树混交防护林	阔叶人工混交防护林	阔叶树	复层异龄林	—	≥81	45+	造林后连续抚育 3 年，除草、围兜、施肥，8~12 年第 1 次抚育间伐，补植观赏兼用材树种；16~20 年疏伐生长伐；视林况确定是否进行第 3 次间伐。径级达到目标可采伐，最终形成阔叶混交林
2	针阔树混交防护林兼大径材森林作业法	人工	针阔混交林	阔叶混交林	针阔树混交防护林	阔叶树	复层异龄林	—	≥81	35+	造林后连续抚育 3 年，除草、围兜、施肥，8~12 年第 1 次抚育间伐，强度<20%，补植观赏兼用材幼树；16~20 年郁闭度≥0.6，视林况是否进行第 2 次间伐。径级达到目标可采伐，最终形成多层结构的针阔混交林
3	阔叶树风景林兼大径材森林作业法	人工	阔叶纯林	阔叶混交林	阔叶树风景林	阔叶树	复层异龄林	—	≥51	45+	造林后连续抚育 3 年，除草、围兜、施肥，8~12 年第 1 次抚育间伐，补植观赏兼用材树种；16~20 年疏伐或生长伐；视林况确定是否进行第 3 次间伐。径级达到目标可采伐，最终形成阔叶混交林
4	针阔树混交风景林兼大径材森林作业法	人工	针阔混交林	针阔混交林	针阔树混交风景林	阔叶树	复层异龄林	—	≥45	45+	造林后连续抚育 3 年，除草、围兜、施肥，8~12 年第 1 次抚育间伐，补植观赏兼用材树种；16~20 年疏伐兼用材生长伐；视林况确定是否进行第 3 次间伐。径级达到目标可采伐，多色形成多层次、多色彩的针阔混交林
5	针叶树风景林兼大径材森林作业法	人工	马尾松、湿地松、杉木	针阔混交林	针叶树风景林	阔叶树	复层异龄林	—	≥45	45+	造林后连续抚育 3 年，除草、围兜、施肥，8~12 年第 1 次抚育间伐，补植观赏兼用材树种；16~20 年疏伐兼用材生长伐；视林况确定是否进行第 3 次间伐。径级达到目标可采伐，最终形成多层次、多色彩的阔混交林
6	油茶风景林森林作业法	人工	油茶	油茶+阔叶树	油茶景观林	阔叶树	复层异龄林	—	≥41	45+	除草、围兜、施肥等有限度的经营，为干扰频度，减少人为干扰频度

6.4.7 森林经营任务

经营期，林场低效林改造面积 15.43 公顷、森林抚育 317.55 公顷、森林采伐 946.93 公顷、封山育林 828.11 公顷。见表 6-15。

表 6-15 云勇林场森林经营任务

序号	项目名称	单位	规模	备注
1	森林经营措施			
1.1	森林抚育	公顷	317.55	
1.2	低效林改造	公顷	15.43	
1.3	封山育林	公顷	828.11	
1.4	森林采伐	公顷	946.93	
2	森林生态旅游建设			
2.1	景观节点提升	公顷	114.95	
2.2	园区绿化维护	公顷	20	
2.3	森林游憩	项	1	
3	森林生态文化建设			
3.1	自然生态文明建设	平方米	1000	
3.2	自然教育基地建设	处	3	
3.3	标识解说系统建设	个	200	
4	森林健康与生物多样性保护			
4.1	林地保护	项/年	1	逐年开展
4.2	森林综合管护	项/年	1	逐年开展
4.3	森林防火建设	项	7	
4.4	林业有害生物防治	项/年	1	逐年开展
4.5	生物多样性保护	项/年	1	逐年开展
5	基础设施与经营能力建设			
5.1	基础设施设备建设	米	4.74	新建
5.1	基础设施设备建设	米	9.1	改造
5.2	智慧林场建设	项	4	
5.3	人才队伍建设	项/年	1	逐年开展
5.4	档案管理建设	项	1	

6.5 经营方案案例（保护地型）——广东茂名森林公园森林经营方案

6.5.1 基本情况

广东茂名森林公园位于广东省粤西茂名市茂南区，地处东经110.805°~110.839°，北纬21.660°~21.628°之间，距茂名市中心城区约12千米。区域背山面海，北高南低，由东北向西南倾斜，属于台地平原，地势平缓，海拔高程在20.0~56.4米之间。森林公园公益性全民所有制事业单位，事业编制52人，职工38人，经营管理及办公运作经费由茂名市政府财政核拨。

据2020年森林资源管理"一张图"数据，辖区森林经营面积288.72公顷，其中林业用地277.92公顷，占96.26%。林业用地中，有林地172.24公顷，占林业用地面积的61.97%；疏林地3.65公顷，占1.31%；未成林造林地80.59公顷，占29.00%；苗圃地1.94公顷，占0.70%；无立木林地7.52公顷，占2.70%；宜林地11.60公顷，占4.18%；林业辅助生产用地0.39公顷，占0.14%。区域森林覆盖率为59.65%，活立木蓄积量16033立方米。乔木林单位面积蓄积量95.93立方米/公顷。

森林公园的公益林264.40公顷，占林业用地面积的95.13%，主要为风景林，其次是水源涵养林；商品林面积13.52公顷，占4.87%，主要是用材林，其次是经济林。

6.5.2 森林经营方针与目标

6.5.2.1 经营方针

森林公园坚持"以森林资源为基础，科学经营为依托，实施生态保护优先，科学合理利用为辅，精准提升森林质量，积极发展生态旅游"的森林经营方针，全面提高森林经营技术水平，精准提升森林质量和生态景观，增强区域森林生态系统稳定性；同时积极开展森林旅游、森林康养及自然教育等，不断为当地居民提供优质的生态产品。

6.5.2.2 经营目标

以培育稳定、健康、优质、高效的森林生态系统为总目标，通过科学合理经营，实现森林资源数量增多、质量提高、结构优化和效益增加，把森林公园建设成为森林保护与生态旅游有机结合、森林质量与森林康养有机结合的现代生态旅游型森林公园。到2025年，森林面积达190公顷以上，森林覆盖率达64%以上，林地利用率63%以上，森林蓄积量达19500立方米以上，乔木林公顷蓄积量达105立方米以上，混交林面积比例达85%以上，公益林面积比例达95%以上。

6.5.3 森林类型划分

依据森林公园树种组成和林地状况，将森林(含林地)划分为分为人工针叶纯林、人工阔叶纯林及人工混交林3类。其中：人工针叶纯林面积8.55公顷，占林业用地面积的 3.1%；人工阔叶纯林面积 93.90 公顷，占 33.8%；人工阔叶混交林面积 175.48 公顷，占 63.1%。见表 6-16。

表 6-16 茂名森林公园森林类型分类

森林类型	面积(公顷)	蓄积量(立方米)	小班数(个)
合计	277.93	16033	73
人工针叶纯林	8.55	2988	1
人工阔叶纯林	93.90	2749	20
人工阔叶混交林	175.48	10296	52

6.5.4 森林经营分区

茂名森林公园隶属于粤西山地丘陵水源涵养林与工业原料林经营亚区，森林生态系统主体功能定位为多功能经营兼用林，以培育健康、稳定、高效的亚热带常绿阔叶林为主，精准提升森林质量和森林景观，充分发挥森林公园森林旅游、森林康养、自然教育以及森林碳汇等高质量生态产品供给能力，实现"提升生态系统质量和稳定性"的总体目标。由于公园内的森林类型多以阔叶树种为主，故本经营期不进行严格的分区经营。

6.5.5 森林经营类型组织

结合森林公园的立地条件、森林资源现状以及未来发展方向和森林经营目的等要素，将森林公园区域内的森林(含林地)组织成阔叶混交风景林兼用材林森林经营类型、阔叶混交防护林兼用材林森林经营类型、阔叶混交大径材兼风景林森林经营类型和特色经济林森林经营类型。其中，阔叶混交风景林兼用材林森林经营类型面积占林业用地面积的比例为 89.8%、蓄积量占公园内乔木林总蓄积量的 97.4%；阔叶混交防护林兼用材林森林经营类型面积占比 5.4%、蓄积量占比 0.0%；阔叶混交大径材兼风景林森林经营类型面积占比 3.6%、蓄积量占比 2.6%；特色经济林森林经营类型面积占比 1.3%。见表 6-17。

表 6-17 茂名森林公园森林经营类型

森林经营类型组		森林经营类型	面积(公顷)	蓄积量(立方米)	小班数(个)
合计			277.92	16033	73
多功能经营兼用林	生态服务主导功能兼用林	阔叶混交风景林兼用材林	249.48	15611	50
		阔叶混交防护林兼用材林	14.92	0	12
	林产品生产主导功能兼用林	阔叶混交大径材兼风景林	9.87	422	10
集约经营商品林		特色经济林	3.65	0	1

6.5.6 森林作业法设计

根据茂名森林公园的林分现状，结合各经营类型的培育目标，制定公园森林全周期经营作业法。见表 6-18。

表 6-18 茂名森林公园森林作业法

序号	作业法名称	起源	目前优势树种	培育树种	培育目的	目标林相					全周期经营过程主要措施
						树种组成	层次结构	林分密度（株/公顷）	经营周期（年）	目标胸径（厘米）	
1	阔叶混交风景兼用材林森林作业法	人工	阔叶混交林	阔叶混交林	人工混交林	阔叶树	复层异龄林	—	≥60	35+	造林后连续抚育3年，除草围兜，不破坏林周边乔灌木生长；5年第1次抚育间伐，促进林下幼树幼苗第2次抚育间伐，强度<20%，郁闭度≥0.6，10年生视状况确定是否进行第3次间伐。径级达到0.6，按树况逐渐小面积皆保留单株择伐或者保留观赏树皮树叶、柠檬等他造林树种尽可以选择保留观赏树叶、树冠饱满、其花果高大乔木可以选择能选择乡土阔叶树种，最终形成复层异龄阔叶混交林
2	阔叶混交防护林兼用材林森林作业法	人工	针阔混交林	阔叶混交林	人工混交林	阔叶树	复层异龄林	—	≥60	35+	造林后连续抚育3年，除草围兜，强度<20%，郁闭度≥0.6，预留乔木幼树生长空间；16～20年第2次抚育间伐，强度<20%，郁闭度≥0.6，培育林下幼树视状况确定是否进行第3次间伐。径级达到目标可采伐，单株择伐，造林树种尽可能选择乡土阔叶树种、根系发达复层异龄阔叶混交林
3	阔叶混交大径材兼风景兼用材林森林作业法	人工	阔叶纯林	阔叶混交林	人工混交林	阔叶树	复层异龄林	—	≥30	35+	造林后连续抚育3年，除草围兜，强度<20%，郁闭度≥0.6，预留乔木幼树生长空间；16～20年第2次抚育间伐，强度<20%，郁闭度≥0.6，培育林下幼树视状况确定是否进行第3次间伐。径级达到目标可采伐，上下通直、枝下高高的乡土阔叶树种，最终形成复层异龄阔叶混交林
4	特色经济森林作业法	人工	针阔混	针阔混交林	人工混交林	阔叶树	单层同龄林	—	≥10	—	1～3年中幼抚育，实施科学施肥，提高林果产品，增加森林公园林果观赏价值和自然教育森林康养价值等

6.5.7 森林经营任务

经营期，茂名森林公园造林（含更新改造）面积60.96公顷、森林抚育149.29公顷、低效林改造采伐759立方米。见表6-19。

表6-19 茂名森林公园森林经营任务

序号	项目名称	单位	规模	备注
1	森林经营措施			
1.1	造林和更新造林	公顷	60.96	
1.2	森林抚育	公顷	149.29	
1.3	低效林改造采伐	立方米	759	
2	森林生态旅游建设			
2.1	道路和基础设施建设与维护	项	1	
2.2	进园大门及周边配套工程	项	1	
2.3	标识导览系统工程	项	1	
2.4	阴生植物园改造工程	项	1	
2.5	垃圾处理工程	项	1	

6.6 佛山云勇林场森林经营成效监测与评估案例

6.6.1 评估考核基本原则

（1）坚持公开透明原则

坚持实事求是和客观公正，突出建设成效，做到过程公开，标准规范，结果透明，群众认可。

（2）坚持责效结合原则

坚持年度考核和日常检查相结合，以年度考核为主，做到据实评价，鼓励发展，以效论责。

（3）坚持科学保护原则

坚持节约优先、保护优先，注重资源保护，突出科学经营，实现可持续发展。

（4）坚持合理考评原则

坚持定量考核与定性考核相结合，以定量考核为主，做到考核指标科学，重点突出，注重实绩，简便易行。

6.6.2 评估考核内容与标准

6.6.2.1 经营管理目标

①实施主体领导高度重视。建设工作指导思想明确，组织机构健全，政策措施实施有力，建设成效显著。

②严格贯彻执行国家及广东省地方有关林业、森林经营的方针、政策、法律、法规及管理制度，建设配套高效。

③编制森林经营方案。建立森林经营规划制度、构建森林经营标准体系及构建森林经营技术体系，并通过上级主管部门审核、颁布实施，有具体的阶段发展目标和配套的建设工程，能按期完成年度建设任务，并有相应的检查考核制度，经营过程规范，经营档案完善。

④重视基础设施建设。包括生产服务设施、公共服务设施、科研监测设施、智慧林业管理条件，把森林经营作为经营单位基础设施建设的重要内容纳入各级单位公共财政预算，建设管护资金得到保障。

⑤重视经营人才队伍建设。建立森林经营人才培训制度，采取集中研修和现场培训相结合的形式，对实施工程相关的管理人员、技术骨干开展技术培训，提高其森林经营理论、实践应用和管理水平。

⑥森林经营任务年度完成率高。按照森林经营方案确定的目标任务，编制了年度实施计划，年度林业重点生态工程建设任务完成率95%以上。

6.6.2.2　森林资源数量目标

①林地保有量。指有林地和特别规定的灌木林地面积。

②森林保有量。

③森林覆盖率。

④森林蓄积量。

⑤乔木林生物量。

⑥森林植被总碳储量。

6.6.2.3　森林资源结构目标

①林种结构指数。指公益林面积比例。

②树种结构指数。指阔叶林及针阔混交林面积比例。

③珍贵及大径材树种面积比例。指发展珍贵树种或大径材林面积比例。

④林龄结构指数。指乔木林成过熟林面积比例。

6.6.2.4　森林资源质量目标

①林地利用率。指有林地面积占林地总面积比例。

②乔木林单位面积蓄积量。

③森林生态功能等级。森林质量较好，森林生态功能较强，一、二类林面积占林地总面积达50%以上。

④森林自然度。森林质量不断提高，森林结构不断优化，森林植物群落演替自然，按照《森林资源规划设计调查操作细则》自然度不低于0.5，森林自然度Ⅰ级和Ⅱ级林面积占区域林地总面积达30%以上。

⑤森林景观一二级比例。按照《森林资源规划设计调查操作细则》的技术指标，森林景观一级及二级森林面积比例。

⑥乡土树种使用。造林绿化树种主要以乡土树种为主,乡土树种数量占造林树种数量的80%以上。

⑦退化土地综合治理。有防控水土流失的政策和举措,水土流失得到有效治理率达90%;裸露地(含采石场、取土场、废弃矿区、闲置地等)复绿措施有力,成效显著,示范作用强;石漠化及沙化土地治理率≥90%。

6.6.2.5 生物多样性保护目标

①天然林面积比例。

②森林类型多样性指数。

③古树名木建档保护率。编制古树名木调查与保护规划,管理规范,保护措施到位,建档率达100%,无发生古树名木被毁事件。

④野生动植物保护率。制订野生动物保护管理及考核办法,野生动植物保护管理制度健全。

⑤生物多样性保护。认真执行《中华人民共和国森林法》《中华人民共和国野生动物保护法》《中华人民共和国野生植物保护条例》《中华人民共和国陆生野生动物保护实施条例》等法律法规,重视自然保护区、森林公园、湿地公园、树木园和植物园等自然保护地建设,有保证物种资源多样性的具体举措。

6.6.2.6 森林健康目标

①森林火灾受害率。指森林火灾控制率≤0.9‰。

②有害生物成灾率。林业有害生物成灾率控制在≤8.2‰,无公害防治率达≥85%。

③森林健康度。森林健康维持在较高水平,森林火灾、森林病虫害、外来有害生物侵害面积较少。

6.6.2.7 国有经济发展目标

①木材产值。

②非木质林产品产值。

③林下经济产值。

④森林旅游。加强生态旅游基础设施建设,积极发展生态旅游业,建设资金投入逐年增加。

⑤森林年生态服务价值。

⑥职工人均收入。建设特色经济林、林下种植养殖、用材林、珍贵树种等林业产业基地,职工收入逐年增加。

⑦林木苗圃建设。应有1处以上的造林绿化保障性苗圃和优良乡土树种培育基地,苗木自给率达80%以上。

6.6.2.8 其他目标

①森林资源建档率。是指对造林、抚育、采伐、火灾、林地征占用等经营活动建立纸质和电子档案完整率,森林经营的档案管理完整、规范,相关技术图件齐备,实

现科学化、信息化管理。

②林场与周边关系协调。与周边社会关系和谐共处，周边对林场的依赖程度高。

③科普场所(自然教育基地)建设。在林场内的开放区等公众游憩地，设有专门的生态知识教育设施和1处以上的科普场所(或自然教育基地)，科普场所普及率和免费率不低于90%。

④科普教育活动。每年应举办生态科普活动2次以上。

⑤科技支撑建设。应有长期稳定的科技支撑力量，包括森林经营相关专业的高校和科研院所、专家组成员，为经营单位实施方案制定、经营技术、成效监测提供支撑。鼓励经营单位结合国家重点研发计划、科技推广项目等开展试点工作。

⑥示范林建设。根据林场经营目标、森林类型、发育阶段、立地条件差异，建立全周期森林经营示范林，开展造林、森林抚育、主伐、更新全链条示范，逐步总结形成森林经营实践模范案例和典型森林经营类型的森林作业法技术体系。

⑦成效监测与评价。依托科技支撑单位，针对不同森林类型和发育阶段，设立永久监测样地，开展以森林抚育和森林采伐为重点的森林经营成效监测，分析评价森林质量和功能变化，包括森林生长、结构、健康、生物多样性、森林碳汇和其他生态服务、社会和经济效益。

⑧森林经营管理机制创新。探索建立国有森林经营主体森林经营"定额核算""报账制""购买服务""绩效考核与奖惩挂钩"等政策机制，及通过租赁、合作、托管等形式参与其他所有制形式的森林经营活动。鼓励各类森林经营专业化队伍参与森林经营任务的实施。

6.6.3 评估考核评分

(1)考核内容

包括经营管理能力、重点任务落实情况、森林资源状况、森林效益评估等4大方面内容、11个标准层、33项具体指标。详见表6-20。

(2)考核分值

考核分值实行100分制，考核结果分为四个档次：90分以上为优；80~89分为良；60~79分为中；60分以下(不含60分)为差。

(3)考核加分

林场当年获得省部级以上荣誉称号的加3分，干部职工获得部省级以上荣誉称号或奖励的，每人次加1分。

(4)一票否决

发生以下情形之一的，森林资源保护管理考核一票否决，直接评定为差等次。

①因机构不健全、日常工作不到位等管理方面的原因造成重大负面影响，被省级以上领导机关追责的。

②发生新的非法占用林地且被上级部门列为督办案件的。

③因人为因素引发重大以上森林火灾的。
④因工作不负责任造成国有林权流失的。
⑤发生重大以上破坏珍稀野生动植物资源案件的。

6.6.4 评估考核程序与方法

(1) 考核程序

考核分为经营主体自查自评、林业主管部门考评和省级抽查三个阶段。

①自查自评。每年10月前，各林场根据《广东省国有林场森林经营成效评估考核办法（试行）》的考核内容与评分标准，对上一年度工作进行自查自评，并向上级主管部门报告自查自评报告。报告内容包括：森林经营成效考核组织开展情况、考核结果、存在的主要问题和整改措施等。

②主管部门考评。每年11月前，主管部门对所辖国有林场进行考核，同时上报省林业主管部门备案。

③省林业主管部门对考核内容进行抽查。

(2) 考核方法

采取听取汇报、查阅资料、现场调查、走访座谈、结合日常检查等方式进行。

6.6.5 评估考核结果

本次林场森林经营成效评估考核坚持目标考核和绩效考核相结合，定量与定性分析相结合，建立以年度考核、定量分析为主的评估体系，对森林经营方案各项指标的执行情况进行考核，评估考核结果是林场动态管理的重要依据。经综合评估考核，云勇林场上一经营期森林经营成效评估考核为91.5分，属于优秀等级，主要表现在林场各级领导高度重视森林经营工作，权属清晰、经营制度及经营队伍完善，经营管理能力强；林场依据森林经营方案中确定的目标任务，逐年完成了造林、森林抚育、林相改造等任务，同时建立了珍贵树种、大径材培育及木材战略储备林基地，效果良好；森林资源保护措施得力，区域森林资源数量及质量大幅增长，充分发挥了区域森林的生态、社会及经济效益，为全省森林质量精准提升起到示范带动作用。见表6-20。

表6-20 云勇林场上一经营期森林经营成效评估考核

目标层	标准层	指标层	分值	得分
经营管理能力	权属清晰度	林场权属	2	2
		与周边社区关系	1	1
	经营制度	经营方案编制情况	2	2
		经营方案执行情况	2	2
	管护队伍建设	领导班子配备	1	1
		内部机构设置	2	1

（续）

目标层	标准层	指标层	分值	得分
重点任务落实情况	森林质量提升	珍贵树种培育	3	2
		大径材培育	4	3
		木材战略储备基地建设	3	2
	森林经营措施	造林	10	10
		森林抚育	10	10
		林相改造	5	5
		森林采伐	5	4
森林资源状况	森林资源数量	森林覆盖率	5	5
		森林蓄积量	5	4
	森林资源质量	乔木林公顷蓄积量	3	3
		乔木林公顷年均生长量	3	3
		混交林面积比例	3	3
		公益林面积比例	3	3
		珍贵树种林和大径材林面积比例	3	2
	森林资源保护	森林火灾	3	3
		林地范围和用途	3	3
		森林保护	3	3
		林业有害生物	3	3
		生物多样性保护	3	3
森林效益	生态效益	林地蓄水容量	1	1
		森林植被总碳储量	2	2
		森林类型多样性指数	2	1.5
	经济效益	木材产值比例	1	0
		非木质林产品产值	1	1
		森林旅游	1	1
	社会效益	自然教育基地建设	1	0
		试验示范基地建设	1	1
合计			100	91.5

第 7 章

结论与展望

7.1 结 论

(1)"三级规划+经营方案+成效监测评估"是一个完整的森林经营体系,是贯通一致、相互促进的

"三级规划+经营方案+成效监测评估"是一个完整的森林经营体系,它们的指导思想、原则、目标及技术体系是贯通一致的,其中森林经营的"三级规划"是基础,层层相扣,从宏观角度明确了森林经营目标与方向;森林经营方案编制与执行是关键,是森林经营主体开展经营活动及上级主管部门监督森林经营的法律依据,是具体落实森林经营目标;森林经营成效监测与评估是全过程监控森林经营的重要手段,最终确保森林经营目标实现。体系各层次之间是相互联系、相互促进的,共同实现国家、区域、森林经营主体的森林发展目标,可为森林质量的精准提升奠定基础。

(2)摸清家底,是编制森林经营规划及森林经营方案的基础工作

编制森林经营规划及森林经营方案过程中,森林资源基础数据必须真实、可靠,同时做好与其相关的专题规划,如地方社会经济发展规划、国土空间规划、森林保护发展规划、森林抚育规划及森林采伐规划等的衔接,才能确保可操作性。

(3)树立森林经营全周期及系统经营理念,才能保证森林经营的整体目标实现

森林经营对象多样、经营情况复杂、经营周期长,需要一系列贯穿于整个森林经营周期的保护、培育和合理利用的技术及制度等,才能建立健康稳定优质高效的森林生态系统。

(4)科学经营森林,必须落实森林分类经营措施

针对森林现状,按分类经营的理念,确定相应的经营目标及经营策略,合理设计森林经营类型、森林作业法及经营措施等关键技术,做到科学经营森林,充分发挥森林的生态、社会及经济效益,为当地民众提供优良生态环境及优质森林生态产品。

(5)建立多层次的森林经营成效监测评估考核制度,落实森林经营反馈调节机制

各层次的森林经营规划及森林经营主体的森林经营方案实施,需要建立森林经营

成效监测与评估制度,落实森林经营反馈机制,同时也作为森林经营管理水平的考核依据。

(6)示范带动,森林质量精准提升更显著

各地根据森林资源现状及经营管理实际,通过建立各类型森林经营示范基地、样板基地及典型经营模式等,起到示范带动作用,引领当地森林经营质量精准提升。

7.2 展　望

(1)森林经营理论与技术体系需要进一步完善

积极吸收借鉴国际上可持续经营、多功能经营、近自然经营等先进森林经营理念,推进森林经营理论和技术模式的创新。加强森林经营理论、森林经营作业法、经营成效监测评价等理论与技术的研究,进一步完善森林经营有关技术规程,修订造林、抚育、采伐等方面技术标准和规程。探索符合不同区域特点、不同森林类型的经营技术模式,建立一批森林经营样板基地和示范林、建设森林经营方案实施示范林场,发挥示范带动效应。

(2)提高公众参与森林经营的积极性,促进森林经营规划及经营方案的有效实施

在制定和修订森林经营规划或方案阶段,采取研讨会、在线平台、问卷调查、社区论坛、热线电话等方式,广泛听取各参与方和公众的意见;在监测和评估阶段,满足公众的知情权和监督权,使公众参与贯穿森林经营方案制定与执行的全过程,调动公众参与森林经营的积极性,提高实施效果。

(3)森林经营体系的法律法规逐步完善,森林经营走向标准化、规范化及制度化

加强森林经营相关法律法规的立法,完善兼用林(包括以生态服务为主导功能及林产品生产为主导功能等)的法律地位及经营技术措施,落实分类经营政策,严格公益林采伐,分类管理兼用林的经营采伐,放活商品林采伐,确保森林经营主体独立行使职责。以全面推行林长制为契机,建立省、市、县、镇、村五级林长体系,落实森林资源保护和发展目标责任制。

(4)出台森林经营财税政策,加大森林经营资金支持

加强造林、抚育等经营活动的财政补贴,根据不同地区的林业功能和森林经营目标,对造林采取差异性的补贴手段,生态公益林应实行全额补贴,商品林进行部分补贴,混交林的补贴力度应高于纯林。完善森林生态效益补偿制度,通过增加各级财政投入,扩大生态公益林补偿范围,在提高补偿标准的基础上,逐步实现分级管理,对不同等级的森林给予不同的补偿。实行税收减免政策,优化抵押贷款制度,建立适合省情的政策性森林保险制度,进一步优化林业投资环境,减轻林业经营风险。积极推进落实政府与社会资本合作机制(PPP),通过购买服务、股权合作等方式,吸引金融资本、工商资本、社会资金参与森林经营。

参考文献

陈少波，刘辉，2015. 株洲市森林经营方案编制和实施过程中存在的问题与对策[J]. 湖南林业科技，42(01)：87-90.

陈文汇，刘俊昌，2012. 国外主要国有森林资源管理体制及比较分析[J]. 西北农林科技大学学报（社会科学版），12(04)：80-85.

邓鉴锋，2010. 广东现代林业发展区划[M]. 北京：中国林业出版社.

邓鉴锋，陈世清，肖智慧，等，2013. 广东森林经营方案编制与执行——理论与实践[M]. 北京：中国林业出版社.

陈长雄，1996. 县级森林经营方案实施情况的分析研究报告[J]. 林业资源管理(05)：6-9.

丛之华，杨兴龙，许玉粉，等，2014. 国外推进森林认证比较及经验借鉴[J]. 辽宁林业科技(04)：49-53.

邓华锋，2008. 中国森林可持续经营管理研究[M]. 北京：科学出版社.

丁付林，2001. 德国的林业基金制度[J]. 中国林业(13)：40.

樊晴，温继文，王武魁，等，2018. 基于流程的我国东北地区森林经营绩效评价指标体系研究[J]. 林业经济(2)：29-35.

广东省林业厅，2017. 广东森林经营规划（2016—2050年）[R].

广东省自然资源厅，2021. 广东省国土空间规划（2020—2035年）（公众版）[R].

高发全，2005. 加拿大林业发展战略[J]. 世界林业研究(1)：77.

国家林业局，2016. 全国森林经营规划（2016—2050年）[R].

国家林业局，2018. 县级森林经营规划编制规范[R].

贺丹，2021. 国土空间规划中"三线"划定与管理[J]. 国土与自然资源研究(6)：23-25.

韩璐，2015. 美国森林资源管理探究与启示[J]. 林业资源管理(5)：172-179.

侯田田，2016. . 北京市西山试验林场森林经营方案编制研究[D]. 北京：北京林业大学.

胡雪凡，张会儒，张晓红，2019. 中国代表性森林经营技术模式对比研究[J]. 森林工程,35(04):32-38.

胡中洋,2021. 基于 MATLAB 的县级森林经营规划编制辅助程序研制[D]. 广州:华南农业大学.

胡中洋,刘锐之,刘萍,2019. 基于 MATLAB 的森林经营方案编制程序设计[J]. 林业资源管理(4):132-136,158.

胡中洋,刘锐之,刘萍,2020. 建立森林经营规划与森林经营方案编制体系的思考[J]. 林业资源管理(3):11-14.

胡中洋,刘锐之,刘萍,2020. 面向县级森林经营规划编制的辅助程序设计与应用[J]. 北京林业大学学报(12):24-31.

金国东,2019. 浅议新时期广东县级森林经营规划编制[J]. 中南林业调查规划,38(2):14-16.

姜黎黎,2016. 辽宁省森林经营方案辅助设计系统[J]. 辽宁林业科技(04):68-69.

亢新刚,2011. 森林经理学[M]. 4版. 北京:中国林业出版社.

李红勋,孙勋,董其英,2010. 基于美国林务官制度对优化我国森林资源管理方式的思考[J]. 世界林业研究,23(06):66-69.

雷加富,2007. 中国森林生态系统经营[M]. 北京:中国林业出版社.

李婷婷,陈绍志,吴水荣,2016. 近自然森林发展类型在我国经营类型改进中的应用[J]. 世界林业研究,29(5):1-5.

李屹,2004. 发达国家林业基金制度研究及对我国的启示[J]. 经济研究参考(57).

李奇,朱建华,肖文发,2019. 生物多样性与生态系统服务——关系、权衡与管理[J]. 生态学报(8):12.

林杰,王题瑛,肖胜,等,1995. 国有林场、采育场森林经营方案实施效果自动化评价的研究[J]. 华东森林经理(02):5-11.

林思祖,黄世国,2001. 论中国南方近自然混交林营造[J]. 世界林业研究,14(2):73-78.

刘华,陈永富,鞠洪波,等,2012. 美国森林资源监测技术对我国森林资源一体化监测体系建设的启示[J]. 世界林业研究,25(6):64-69.

刘亚培,2019. 中美国有林森林经营计划制定比较研究[D]. 北京:北京林业大学.

孟楚,2016. 南方集体林区森林多功能经营方案编制关键技术[D]. 北京:北京林业大学.

苗丰涛,叶勇,2016. 亚热带地区国有林场可持续经营指标体系研究[J]. 林业经济问题,36(6):558-564.

南孝旭,2015. 中韩两国林业经营管理比较研究[D]. 北京:北京林业大学.

聂祥永,2004. 瑞典国家森林资源清查的经验与借鉴[J]. 林业资源管理(1):

66-72.

潘正之，2007. 澳大利亚林业分类经营管理浅析[J]. 广西林业(6)：3.

彭方有，2011. 基于FSC森林认证的千岛湖森林经营方案编制研究[D]. 杭州：浙江农林大学.

日本林野厅，2021. 森林和林业基本法[EB/OL]. https：//www.rinya.maff.go.jp/j/kikaku/law/index.html.

沙晓娟，2020. 林业局级森林经营方案整体评价——以乌尔旗汉林业局为例[D]. 北京：北京林业大学.

舒清态，唐守正，2005. 国际森林资源监测的现状与发展趋势[J]. 世界林业研究，18(3)：33-37.

孙勋，2012. 美国林务官制度研究与中国森林资源管理制度的改进[D]. 北京：北京林业大学.

仝芳芳，王艺伟，周智慧，等，2017. 森林经营方案实施评估研究[J]. 绿色科技(15)：161-162.

王兆君，蒋敏元，2002. 国外森林资源经营思想的演变与新时期我国林业的发展[J]. 中国软科学(11)：20-25.

魏淑芳，魏俊华，罗勇，等，2017. 参与式方法在社区集体林森林经营方案编制中的应用[J]. 四川林业科技，38(05)：89-93.

吴梦瑶，2019.. 森林经营方案监测与评价体系的构建[D]. 北京：北京林业大学.

吴水荣，海因里希·施皮克尔，陈绍志，等，2015. 德国森林经营及其启示[J]. 林业经济(1)：50-55.

吴涛，2012. 国外典型森林经营模式与政策研究及启示[D]. 北京：北京林业大学.

赵秀海，吴榜华，史济彦，1994. 世界森林生态采伐理论的研究进展[J]. 吉林林学院学报，10(3)：204-210.

谢阳生，陆元昌，雷相东，等，2019. 多功能森林经营方案编制关键技术及辅助系统研究[J]. 中南林业科技大学学报，39(08)：1-9.

徐高福，2008. 基于FSC森林认证的千岛湖森林经营方案编制研究[J]. 林业调查规划，33(06)：4-7.

杨帆，邓杨兰朵，吴梅，等，2020. 新时代森林经营规划设计体系探讨[J]. 中南林业调查规划，39(3)：1-4.

杨廷栋，2016. 森林经营主体级森林经营方案编制可视化模拟技术[D]. 长沙：中南林业科技大学.

杨晔，2019. GIS在森林经营方案编制中的应用[D]. 合肥：安徽农业大学.

尹洪俊，2017. 福建省森林可持续经营水平及其评价——基于农户视角的分析[D]. 福州：福建农林大学.

国家林业局, 2011. 中国林业发展区划[M]. 北京: 中国林业出版社.

林业部林业区划办公室, 1987. 中国林业区划[M]. 北京: 中国林业出版社.

于政中, 1993. 森林经理学[M]. 2版. 北京: 中国林业出版社.

张宝库, 2009. GIS在乡级森林经营方案编制中的应用研究[D]. 杨凌: 西北农林科技大学.

张会儒, 雷相东, 李凤日, 2020. 中国森林经理学研究进展与展望[J]. 林业科学, 56(09): 130-142.

张会儒, 唐守正, 王彦辉, 2002. 德国森林资源和环境监测技术体系及其借鉴[J]. 世界林业研究, 15(2): 63-70.

张剑, 唐小平, 1999. 森林经营方案实施效益评价方法的研究[J]. 林业资源管理(06): 30-36.

张壮, 赵红艳, 2018. 美、俄、日、德国有林治理体制比较研究[J]. 前沿(5): 53-58.

郑小贤, 1997. 德国、奥地利和法国的多目的森林资源监测述评[J]. 北京林业大学学报, 19(3): 79-84.

周宇燑, 周祖基, 张健, 等, 2009. 干扰生态学对于森林管理的意义[J]. 安徽农业科学, 37(29): 5.

Ananda J, Herath G, 2003. The use of Analytic Hierarchy Process to incorporate stakeholder preferences into regional forest planning[J]. Forest Policy and Economics, 5(PII S1389-9341(02)00043-61): 13-26.

Bell F W, Parton J, Stocker N, et al, 2008. Developing a silvicultural framework and definitions for use in forest management planning and practice[J]. Forestry Chronicle, 84(5): 678-693.

BERG S, SCHWEIER J, BR CHERT F, et al, 2014. Economic, environmental and social impact of alternative forest management in Baden-Wurttemberg(Germany) and V sterbotten(Sweden)[J]. Scandinavian Journal of Forest Research, 29(5): 485-498.

Borecki T, Stepien E, 2017. Evolution of the role and current tasks of forest management planning[J]. Sylwan, 161(3): 179-188.

Bridge R S, Cooligan D, Dye D, et al, 2005. Reviewing Canada's national framework of criteria and indicators for sustainable forest management[J]. Forestry Chronicle, 81(1): 73-80.

Cardinale B, Duffy J E, Gonzalez A, et al, 2012. Erratum: Biodiversity loss and its impact on humanity (Nature (2012) 486 (59-67) DOI: 10. 1038/nature11148)[J].

Dellasala D A, Baker R, Heiken D, et al, 2015. Building on two decades of ecosystem management and biodiversity conservation under the Northwest Forest Plan, USA[J]. Forests, 6(9) 3326-3352.

Department of Agriculture, Water and the Environment. Australia's forest policies[EB/OL]. https://www.awe.gov.au/agriculture-land/forestry/policies.

Ezquerro M, Pardos M, Diaz-Balteiro L, 2019. Integrating variable retention systems into strategic forest management to deal with conservation biodiversity objectives[J]. Forest Ecology and Management, 433: 585-593.

Federal Advisory Committee. A Citizen's Guide to National Forest Planning [EB/OL]. http://www.nstrail.com/pdf_documents/Citizens_Guide_to_National_Forest_Planning_version_1_2016.pdf.

Federal Ministry of Food, Agriculture and Consumer protection. Forest Strategy 2020 [EB/OL]. https://www.bmel.de/EN/topics/forests/forests-in-germany/forest-strategy-2020.html;jsessionid=DBD2925391E38A1AEAAEDB85F8715256.live922.

Gibbons K H, Ryan C M, 2015. Characterizing comprehensiveness of urban forest management plans in Washington State[J]. Urban Forestry Urban Greening, 14(3): 615-624.

Herbert K M, Shashi K, 2003. Conformance of Ontario's Forest Management Planning Manual to criteria and indicators of sustainable forest management[J]. Forestry Chronicle, 79(3): 652-658.

Hooper D U, Chapin F S, Ewel J J, et al, 2005. EFFECTS OF BIODIVERSITY ON ECOSYSTEM FUNCTIONING: A CONSENSUS OF CURRENT KNOWLEDGE[J]. Ecological Monographs, 75(1): 3-35.

Jafari A, Kaji H S, Azadi H, et al, 2018. Assessing the sustainability of community forest management: A case study from Iran[J]. Forest Policy and Economics, 96: 1-8.

Jaszczak R, Adamowicz K, Watchman-Twitalska S, et al, 2018. Selected aspects of creating forest management plan in Poland[J]. Sylwan, 162(10): 795-807.

Kaloudis S, Costopoulou C I, Lorentzos N A, et al, 2018. Karteris M. Design of forest management planning DSS for wildfire risk reduction [J]. Ecological Informatics, 3 (1): 122.

Kilgore M A, Blinn C R, 2004. Policy tools to encourage the application of sustainable timber harvesting practices in the United States and Canada [J]. Forest Policy and Economics, 6(2): 111-127.

Kimmins J P, Blanco J A, 2011. Issues Facing Forest Management in Canada, and Predictive Ecosystem Management Tools for assessing Possible Futures[M].

Leskinen P, Kangas J, Pasanen A M, 2003. Assessing ecological values with dependent explanatory variables in multi-criteria forest ecosystem management[J]. Ecological Modelling, 170(1): 1-12.

Linser S, Wolfslehner B, Asmar F, et al, 2018. 25 Years of Criteria and Indicators for Sustainable Forest Management: Why Some Intergovernmental C&I Processes Flourished

While Others Faded[J]. Forests, 9(9): 515.

Natural Resources Canada. Canada's forest laws[EB/OL]. https://www.nrcan.gc.ca/our-natural-resources/forests-forestry/sustainable-forest-management/canadas-forest-laws/17497.

Nilsson H, Nordstrom E, Ohman K, 2016. Decision support for participatory forest planning using AHP and TOPSIS[J]. Forests, 7(5).

Nitschke C R, Innes J L, 2008. Integrating climate change into forest management in South-Central British Columbia: An assessment of landscape vulnerability and development of a climate-smart framework[J]. Forest Ecology and Management, 256(3): 313-327.

Ogden A E, Innes J L, 2008. Climate change adaptation and regional forest planning in southern Yukon Canada [J]. Mitigation and Adaptation Strategies for Global Change, 13(8): 833-861.

Parkins J R, Dunn M, Reed M G, et al, 2016. Forest governance as neoliberal strategy: A comparative case study of the Model forest Program in Canada[J]. Journal of Rural Studies, 45: 270-278.

Sivrikaya F, Baskent E Z, Sevik U, et al, 2010. A gis-based decision support system for forest management plans in Turkey[J]. Environmental Engineering and Management Journal, 9(7): 929-937.

Tomislav S, Ulf R, Smith M A, 2009. Views of Aboriginal People in Northern Ontario on Ontario's approach to aboriginal values in forest management planning[J]. Forestry Chronicle, 85(5)789-801.

Uhde B, Hahn W A, Griess V C, Knoke T, 2015. Hybrid MCDA methods to integrate multiple ecosystem services in forest management planning: A critical review[J]. Environmental Management, 56(2): 373-388.

CONNELL, Bruce F, 1978. Contouring the neck in rhytidectomy by lipectomy and a muscle sling[J]. Plastic & Reconstructive Surgery, 61(3): 376-383.

Roxburgh, S, 2004. There just aren't enough hours in the day: The mental health consequences of time pressure[J]. Journal of Health & Social Behavior, 45(2): 115-131.